ZOOLOGIE

CLASSIQUE,

OU

HISTOIRE NATURELLE

DU RÈGNE ANIMAL.

—

ATLAS.

Prix des deux volumes. . . . . 16 fr.
— de l'Atlas, figures noires. . . . . 10 »
—   —   figures coloriées. . . . 30 »

PARIS. — IMPRIMERIE DE FAIN ET THUNOT,
rue Racine, nº 28, près de l'Odéon.

ZOOLOGIE

CLASSIQUE,

OU

HISTOIRE NATURELLE

DU RÈGNE ANIMAL,

PAR

F.-A. POUCHET,

DOCTEUR EN MÉDECINE,

PROFESSEUR DE ZOOLOGIE AU MUSÉUM D'HISTOIRE NATURELLE DE ROUEN,
MEMBRE DE L'ACADÉMIE ROYALE DES SCIENCES, LETTRES ET ARTS DE CETTE VILLE,
ET DE PLUSIEURS ACADÉMIES FRANÇAISES ET ÉTRANGÈRES, ETC.

ATLAS.

PARIS.

LIBRAIRIE ENCYCLOPÉDIQUE DE RORET,
RUE HAUTEFEUILLE, N. 10 BIS.

ROUEN.
FRANÇOIS, Libraire. || FRÈRE, Libraire.

1841.

ATLAS

DE LA

ZOOLOGIE CLASSIQUE

DE

F.-A. POUCHET.

EXPLICATION DES PLANCHES.

MAMMIFÈRES. Planche 1.

1. Race mongolique. Tête d'un des frères siamois.

2. Orang roux. 3. Squelettes d'Orang d'après l'ostéographie de M. de Blainville.

Planche 2.

1. Chimpansé. 2. Cynocéphale hamadrias, d'après un bas-relief égyptien. 3. Alouatte hurleur. 3 *a*. Os hyoïde de Hurleur, vu de face. 3 *b*. Le même vu de profil. 5. Atèle belzébut. 6. Tête de Cynocéphale.

Planche 3.

1. Incisives inférieures de Galéopithèque. 2. Tête de Roussette. 3. Phyllostome vampire. 3 *a*. Sa tête. 3 *b* et 3 *b'*. Ses canines et ses incisives des deux mâchoires. 4. Desman de Russie. 5. Civette. 6. Otarie.

Planche 4.

1. Tigre royal. 2. Jaguar. 3. Guépard ou Tigre chasseur. 4. Phalanges de doigt de Chat. 5. Tête de Putois.

Planche 5.

1. Castor. 2. Poches dans lesquelles se trouve la substance nommée castoréum. *a*. L'une des poches ouvertes. *b*. Glandes qui sécrètent l'huile. *c*. Cloaque où viennent s'ouvrir les poches et les glandes. 3. Fourmilier à deux doigts. 4. Tête de ce Fourmilier. 5. Tête d'Oryctérope. 6. Tête de Lièvre. 7. Tête de Paca.

PLANCHE 6.

1. Dinothère antédiluvien, restitué d'après Kaup. 1. *a*. Tête de Dinothère, d'après Buckland. 2. Mégathère antédiluvien, vu de face. 3. Tatou encoubert. 3. *a*. Sa tête.

PLANCHE 7.

1. Estomac de Ruminant, ouvert pour montrer les quatre cavités qui le composent; *p*. panse ou herbier: *b*. bonnet; *f*. feuillet; *c*. caillette. 2. Tête de Dromadaire. 3. Lama. 4. Tête de Cerf. 5. Musc porte-musc. 5. *a*. Sa tête. 6. Musc pygmée. 7. Dent de Mastodonte.

PLANCHE 7 *bis*.

1. Dauphin vulgaire. 1. *a*. Sa tête. 2. Cachalot macrocéphale. 3. Baleine franche. 3. *a*. Squelette de Baleine franche.

PLANCHE 8.

1. Sarigue opossum, introduisant ses petits dans sa poche abdominale. 2. Mamelle de Cayopollin. 3. Kanguroo. 4. Petits Didelphes à la mamelle. 5. Tête de Phascolome. 6. Ornithorhinque paradoxal. 6. *a*. Sa tête. 7. Bassin et os marsupiaux.

OISEAUX. — PLANCHE 9.

1. Squelette de Faucon dans l'attitude de la station. 2. Vésicules qui composent tout le jaune de l'œuf. 2. *a*. L'une de ces vésicules plus grossie, déchirée, et faisant voir les granulations de sa surface. 3. Granules. 4. Aigle destructeur. 5. Vautour royal.

PLANCHE 10.

1. Chouette mineur. 2. Condor. 2. *a*. Patte de Condor. 3. Dronte. 4. Secrétaire. 5. Patte d'Aigle. 6. Vautour.

PLANCHE 11.

1. Hirondelle salangane avec son nid. 2. Patte d'Engoulevent. 3. Casoar. 4. Cigogne marabout.

PLANCHE 12.

1. Ibis sacré, et près de lui un fragment de bas-relief égyptien, représentant cet oiseau. 2. Phénicoptère sur son nid. 3. Canard eider. 4. Manchot.

REPTILES. — PLANCHE 13.

1. Émyde close. 2. Squelette restitué de Plésiosaure antédiluvien.
3. Coprolite du lias de lyme-regis. 4. Gavial du Gange.

PLANCHE 14.

1. Chélonée caret. 2. Trionyx du Nil. 3. Scinque officinal. 4. Seps.
5. Bimane. 6. Bipède.

PLANCHE 15.

1. Crotale, Serpent à sonnettes. 2. Squelette de tête de Crotale,
sur laquelle on voit la disposition des dents à venin. 3. Vipère naïa.
4. Céraste. 5. Tête de Vipère disséquée pour faire voir l'appareil à
venin ; *a.* glande qui sécrète ce fluide.

AMPHIBIENS. — PLANCHE 16.

1. Pipa de Surinam , portant ses œufs et ses petits dans les cellules
qui se forment sur son dos. 2. Crapaud accoucheur mâle, avec ses
œufs attachés sur ses cuisses. 3. Rainette. 4. Triton fossile des schistes
d'OEninghen , pris longtemps pour un homme par les théologiens,
et nommé *Homo diluvii testis.* 5, 6, 7, 8 et 9. Divers états de la mé-
tamorphose de la Grenouille commune. 5. Premier âge, Têtard.
6. Deuxième âge , Têtard muni de ses pattes de derrière. 7. Troisième
âge, Têtard offrant ses quatre membres. 8. Têtard dont la queue
disparaît. 9. Petite Grenouille à l'état parfait.

POISSONS. — PLANCHE 17.

1. Squelette de Perche ; *c.* côtes rudimentaires ; *o.* opercule ; *n. d.* et
n. d'. nageoires dorsales ; *n. c.* nageoire caudale ; *a. n.* nageoire anale ;
n. p. nageoire pectorale ; *n. a.* nageoire abdominale. 2. Centronote
pilote. 3. Tétrodon rayé. 4. Intestin de Squale, qui a été ouvert
pour faire voir la disposition en spirale de sa lame interne.

PLANCHE 18.

1. Yeux d'Anableps. 2. Echénéide rémora. 3. Gymnote électrique ;
3 *a.* Son appareil électrique, comme il se présente, lorsque le Poisson
a été fendu transversalement. 4. Torpille électrique. 4 *a.* Dissection
représentant l'aspect de son appareil électrique, tel qu'il se présen
lorsque l'on a enlevé la peau.

PLANCHE 19.

1. Épinoche. 2. Dactyloptère pirabébe. 3. Baudroie. 4. Coffre
triangulaire.

PLANCHE 20.

1. Grande Lamproie. 2. Bouche de la grande Lamproie, ouverte pour montrer la disposition de ses crochets. 3. Lamproie gros-œil. 4. Ammocète rouge. 5. Bouche et branchies de l'Ammocète rouge.

INSECTES. — PLANCHE 21.

1. Larve de Cousin vue au microscope ; *e. s.* ses huit estomacs, qui ont été injectés avec du carmin ; *t. d.* tube digestif ; *v. d.* vaisseau dorsal ; *t.* trachées ; *m. a.* muscles des antennes ; *m. m.* muscles des mâchoires ; *v. b.* vaisseaux biliaires ; *a.* anus ; *o. r.* orifice des trachées ; *s.* vésicule. 2. Ver à soie disséqué pour montrer sa structure intérieure ; *v. s.* vaisseaux qui sécrètent la soie ; *r. s.* réservoirs de la soie ; *t.* trachées ; *t. d.* tube digestif ; *v. b.* vaisseaux biliaires. 3. Bouche d'un Carabe, dont les pièces solides sont séparées ; en haut se trouve la lèvre supérieure ou le labre ; *l. i.* la lèvre inférieure ; *p. l.* palpes labiaux ; *m. d.* mandibules ; *m. a.* mâchoires ; *p. m.* palpes maxillaires. 4. Canal digestif d'un Carabe ; *j.* jabot ; *g.* gésier ; *e.* estomac ; *v. b.* vaisseaux biliaires ; *o. s.* organes sécréteurs ; *r.* leurs réservoirs ; *a.* anus. 5. Circulation du sang chez l'Éphémère : la direction des flèches indique les divers courants que forme ce fluide. 6. Organes génitaux mâles du Carabe doré ; *t.* glande sécrétoire ; *v. s.* vésicules séminales ; *m.* appendices ; *v.* verge. 7. Organes génitaux femelles du Papillon du chou ; *o.* ovaire ; *p. c.* poche copulatrice ; *o. s.* organe sécréteur ; *r.* fin de l'intestin.

PLANCHE 22.

1. Ateuchus des Égyptiens, qui était sacré chez eux. 2. Ateuchus symbolique, dessiné d'après les monuments égyptiens. 3. Nécrophore fossoyeur. 4. Ténébrion cadelle. 5. Bostriche du pin. 6. Bruche du pois. 7. Pois ayant servi d'asile à des Bruches ; *a.* le petit opercule qui ferme leur trou. 8. Calandre du palmier. 9. Calandre du blé, appelée Charanson.

PLANCHE 23.

1. Mante striée. 2. Phyllie feuille. 3. Phasme géant. 4. Sauterelle émigrante.

PLANCHE 24.

1. Cochenille mâle. 2. Cochenille femelle. 3. Puceron du rosier. 4. Fourmilion des Fourmis. 5. Larve de ce Fourmilion. 6. Termite lucifuge. 6. *a.* Termite lucifuge travailleur. 6. *b.* Termite lucifuge

soldat. 7. Pince qui termine l'abdomen des Panorpes mâles. 8. Larve de Phrygane. 9. Éphémère vulgaire. 10. Libellule déprimée. 10. *a.* Sa nymphe aquatique.

PLANCHE 25.

1. Papillon paon de jour. 2. Sa chrysalide. 3. Bombyce feuille-morte. 4. Cossus ligniperde. 5. Sa chenille et les galeries qu'elle pratique dans le tronc des arbres. 6. Pyrale de la vigne, individu femelle, placé sur une feuille de ce végétal, et représenté sous ses divers états ; *a.* sa chenille ; *b.* ses œufs ; *c.* sa chrysalide. 6. Pyrale mâle.

PLANCHE 26.

1. Vanesse. 2. Sphynx demi-paon. 3. Sésie asilipenne. 4. Zygène du sainfoin. 5. Ptérophore en éventail. 6. Orgyie mâle et femelle. Le premier est pourvu d'ailes et la seconde en est privée.

PLANCHE 27.

1. Guêpe cartonnière. 2. Nid de Guêpe cartonnière, ouvert dans une portion de son étendue, pour faire voir la disposition des divers étages de cellules ; *a.* entrée des Guêpes ; *b.* cellules que celles-ci habitent. 3. Mélipone domestique. 4. Magasin à miel de cette Mélipone ; *a.* cellule ouverte pour en faire voir l'intérieur ; *b.* cellule vue à l'extérieur. 5. Xylocope violette. 6. Nids de la Xylocope violette, pratiqués dans le tronc d'un arbre, et dans lesquels on voit les provisions qu'elle amasse pour ses jeunes larves, et l'une de celles-ci. 7. OEstre du Cheval. 8. Larve d'OEstre. 9. Nid d'Abeille maçonne. 10. Larve d'OEstre du Cheval, dessinée d'après des individus frais. 10 *a.* Les crochets avec lesquels elle adhère aux parois de la membrane muqueuse intestinale.

ARACHNIDES. — PLANCHE 28.

1. Mygale aviculaire. 2. Mygale pionnière. 3. Habitation de Mygale pionnière ; *a* porte ou soupape mobile. 4. Lycose tarentule. 5. Sarcopte de la gale humaine, dessiné d'après le mort.

CRUSTACÉS. — PLANCHE 29.

1. Podophthalme épineux. 2. Pinnothère pois. 2 *a.* Abdomen du mâle. 2 *b.* Abdomen de la femelle. 3. Ranine dorsipède. 4. Mégalope mutique. 5. Scyllare oriental.

PLANCHE 30.

1. Gécarcin tourlourou. 2. Galathée élancée. 3. Pagure Bernard dans

une coquille. 4. Trilobite. 5. Bopyre des Crevettes. 6. Cyclope commun femelle.

VERS INTESTINAUX DE L'HOMME. — PLANCHE 31.

1. Ténia, ver solitaire. 1 *a*. Sa tête grossie au microscope. 2. Filaire grêle. 3. Trichocéphale de l'homme, de grosseur naturelle et amplifié. 4. Ascaride lombricoïde. 5. Oxyure de l'homme, de grosseur naturelle et amplifié. 6. Fasciole hépatique. 7. Tête de Bothriocéphale. 8. Echinocoque de l'homme, vu au microscope. 9. Cysticerque du tissu cellulaire. 9 *a*. Sa tête considérablement grossie.

APODES. — PLANCHE 32.

1. Sangsue officinale. 1 *a*, 1 *b*. Une de ses dents vue au microscope. 2. Yeux de Sangsue. 3. Cocons de Sangsue amplifiés et présentant leur génération à divers degrés de développement. 4. Sangsue noire (pseudobdelle). 5. Sangsue du Nil (Bdelle). 6. Sangsue aplatie (Glossobdelle). 6 *a*. Sa bouche. 7. Sangsue de Rudolphi (Branchiobdelle). 7 *a*. Ses branchies. 8. Sangsue de Dutrochet (Géobdelle). 9. Sangsue à bandelettes (Pontobdelle). 10. Sangsue géomètre (Ichthyobdelle).

CÉPHALIENS. — PLANCHE 33.

1. Sèche officinale. 2. Poche au noir de Sèche fossile. 3. Poulpe Argonaute. 4. Coquille dans laquelle se loge l'Argonaute. 5. Belemnosépia antédiluvienne, restituée d'après Buckland. 6. Ammonite de Bayeux. 6 *a*. Sa bouche.

CÉPHALIDIENS. — PLANCHE 34.

1. Anatomie de la Limace; *a*. système nerveux; *b*. système veineux; *c*. système artériel; *d*. intestins; *e*. foie; *f*. glandes salivaires; *o*. ovaire; *t*, glande séminale. 2. Développement de l'embryon de la Lymnée ovale, montrant celle-ci à divers âges. 3. Porcelaine avec son animal. 4 Hyale tridentée. 5. Doris. 6. Phyllidie à trois lignes.

PLANCHE 35.

1. Rocher droite épine. 2. Pourpre antique. 3. Ptérocère scorpion. 4. Janthine commune avec son appareil hydrostatique. 5. Carinaire de la Méditerranée.

PLANCHE 36.

1. Pourpre muriquée. 2. Licorne imbriquée. 3. Vis tachetée. 4. Casque bézoard. 5. Casque treillissé. 6. Tonne perdrix.

Planche 37.

1. Rostellaire pied de Pélican. 2. Mitre épiscopale. 3. Mitre disposée pour montrer son ouverture. 4. Volute de Neptune. 5. Marginelle. 6. Porcelaine roussette.

Planche 38.

1. Dauphinule laciniée. 2. Troque marginée. 3. Sabot pie. 4. Roulette linéolée. 5. Monodonte de Pharaon. 6. Scalaire précieuse. 7. Scalaire commune. 8. Nérite saignante. 9. Ampullaire de la Guyane.

ACÉPHALIENS. — Planche 39.

1. Spondyle américain. 2. Peigne gibbeux. 3. Avicule hétéroptère. 4. Trigonie pectinée. 5. Hippope chou. 6. Thracie corbuloïde. 7. Extrémité d'un des tubes de la Thracie.

Planche 40.

1. Lingule anatine. 2. Térébratule dorsale, ouverte pour montrer sa bâtisse. 3. Avicule mère-perle. 4. Pholade dans son trou; a. roche calcaire; b. couche de sable et de vase. 5. Taret commun.

CIRRHODERMAIRES. — Planche 41.

1. Holothurie tubuleuse. 2. Son ouverture buccale. 3. Oursin verticillé. 4. Astérie rougeâtre. 5. Encrine lis de mer.

ZOANTHAIRES. — Planche 42.

1. Actinie élégante. 2. Zoanthe social. 3. Fongie à tentacule épais. 4. Squelette calcaire de la Fongie limace. 5. Astrée caliculée. 5 a. Son animal amplifié. 6. Madrépore abrotanoïde. 6 a. Son squelette calcaire.

ZOOPHYTAIRES. — Planche 43.

1. Tubipore pourpre. 1 a, 1 b. Son animal amplifié. 2. Corail rouge; 2 a. Ses animaux grossis. 3. Isis hippuris. 4. Gorgone verruqueuse. 4 a. Son animal amplifié. 5. Pennatule grise. 5 a, 5 b. Détails anatomiques de cette Pennatule. 6. Alcyon orangé. 6 a. Ses animaux amplifiés.

RÈGNE ANIMAL,

D'après M. DE BLAINVILLE,

Disposé en série , en procédant de l'Homme jusqu'à l'Éponge , et divisé en trois sous-règnes. Par M. Laurent, docteur ès sciences, professeur suppléant à la Faculté des sciences de Paris.

1er TABLEAU.

1er SOUS-RÈGNE. ZYGOZOAIRES.

TYPE DES VERTÉBRÉS OU OSTÉOZOAIRES.

I. CLASSE DES MAMMIFÈRES.

Ordre des Bimanes. 1re ligne. Race caucasique, race mongolique et race éthiopique.

Ordre des Quadrumanes. 2e ligne. Chimpansé, Orang-outang, Guenon, Sapajou, Makis, Aye-aye, Galéopithèque.

Ordre des Carnassiers. 3e ligne. Chauve-Souris, Hérisson, Taupe, Ours jongleur, Coatis, Marte, Loutre, Lion, Loup, Phoque.

Ordre des Rongeurs. 4e ligne. Écureuil, Polatouche, Rat, Gerboise, Castor, Porc-épic, Lièvre, Cabiai.

Ordre des Gravigrades. 5e ligne. Éléphant et Lamentin.

Ordre des Ongulogrades. 6e ligne. Daman, Rhinocéros, Cheval, Sanglier, Chameau, Girafe, Chevreuil, Antilope.

Ordre des Tardigrades. 2e ligne.

Ordre des Édentés. 3e ligne. Tatou, Fourmilier, Pangolin.

Ordre des Cétacés. 3e ligne. Marsouin.

Ordre des Didelphes. 7e ligne. Sarigue, Thylacine, Phalanger, Kanguroo, Phascolome.

Ordre des Ornithodelphes. 8e ligne. Échidné, Ornithorhinque.

2e TABLEAU.

Suite du premier sous-règne des animaux vertébrés.

II. CLASSE DES OISEAUX. 1re ligne. Perroquet, Aigle, Grand-Duc, Guacharo, Martinet, Coucou, Martin-Pêcheur, Corbeau, Hirondelle,

Moineau, Pigeon, Perdrix, Dindon, Autruche, Outarde, Bécasseau, Cigogne, Poule d'eau, Pétrel, Pélican, Canard, Manchot.

III. CLASSE DES PTÉRODACTYLES. 2e ligne. Ptérodactyles.

IV. CLASSE DES REPTILES. 3e ligne. Chélonée, Tortue, Trionyx, Plésiosaure, Crocodile, Gecko, Caméléon, Dragon, Iguane, Lézard, Scinque, Bipède, Orvet, Bimane, Amphisbène, Rouleau, Boa, Couleuvre, Hydrophis, Vipère.

V. CLASSE DES ICHTHYOSAURES. 4e ligne. Ichthyosaures.

VI. CLASSE DES AMPHIBIENS. 5e ligne. Pipa, Xenops, Éphipifer, Otilophus, Rhinelle, Crapaud accoucheur, Rainette, Grenouille, Salamandre, Triton, Protée, Amphiume, Sirène, Cécilie.

VII. CLASSE DES POISSONS.
Sous-classe des Poissons osseux. 6e ligne. Cobite, Silure, Cyprin, Saumon, Muge, Scombre, Chétodon, Spare, Labre, Sciène, Perche, Scorpène, Blennie, Morue, Turbot, Espadon, Stromatée, Gymnote, Anguille, Murène.
Sous-classe des Poissone subosseux. 7e ligne. Cycloptère, Baliste, Centrisque, Coffre, Mole, Diodon, Baudroie, Malthée, Pégase, Hippocampe, Syngnate.
Sous-classe des Poissons cartilagineux. 8e ligne. Polyodonte feuille, Esturgeon, Chimère, Raie, Torpille, Raie-scie, Ange, Requin, Marteau, Griset, Lamproie, Gastrobranche, Ammocète, Myxine.

3e TABLEAU.

Suite du premier sous-règne.

TYPE DES ANIMAUX ARTICULÉS OU ENTOMOZOAIRES.

VIII. CLASSE DES INSECTES.
Ordre des Coléoptères. 1re ligne. Cicindèle, Dytisque, Staphylin, Hanneton, Lucane, Nécrophore, Escarbot, Taupin, Vrillette, Lampyre, Cantharide, OEdémère, Ténébrion, Mycétophage, Blaps, Bolétophage, Charanson, Clairon, Capricorne, Criocère, Coccinelle, Perce-oreille.
Ordre des Orthoptères. 2e ligne. Blatte, Mante, Courtillière.
Ordre des Hémiptères. 2e ligne. Pentatome, Punaise, Notonecte, Hydromètre, Cigale, Cochenille, Puce.

Ordre des Lépidoptères. 2ᵉ ligne. Papillon, Cossus, Noctuelle, Sphynx.

Ordre des Névroptères. 2ᵉ ligne. Fourmilion, Éphémère, Libellule.

Ordre des Hyménoptères. 3ᵉ ligne. Abeille, Chrysis, Crabron, Ichneumon, Fourmi, Sphége, Cynips, Tenthrède.

Ordre des Diptères. 3ᵉ ligne. Taon, Tipule, Anthrax, Mouche, OEstre.

Ordre des Aptères. 3ᵉ ligne. Pou.

IX. CLASSE DES ARACHNIDES. 4ᵉ ligne. Tique, Pygnogonum, Acarus, Trombidie, Puce, Scorpion, Phryne, Galéode, Faucheur, Mygale, Lycose, Sphase, Érèse, Araignée.

X. CLASSE DES DÉCAPODES. 5ᵉ ligne. Limule, Podophthalme, Crabe tourteau, Pinnothère, Grapse, Ranine, Mégalope, Pagure, Scyllare, Langouste, Homard, Palémon, Phronime.

XI. CLASSE DES HÉTÉROPODES. 6ᵉ ligne. Squille, Branchippe, Trilobite, Apus, Cyclope, Daphnie, Cypris, Anatife, Polyphème, Argule, Calige, Dichœlestion.

XII. CLASSE DES TÉTRADÉCAPODES. 7ᵉ ligne. Crevettes, Corophie, Anthure, Aselle, Ligie, Cloporte, Armadille, Sphérome, Cymothoé, Bopyre.

XIII. CLASSE DES MYRIAPODES. 8ᵉ ligne. Gloméris, Iule, Craspedosoma, Polydesme, Pollyxène, Scutigère, Lithobie, Scolopendre, Cryptops, Géophile.

XIV. CLASSE DES MALACOPODES. 9ᵉ ligne. Péripate.

XV. CLASSE DES CHÉTOPODES. 10ᵉ ligne. Serpule, Amphitrite, Arénicole, Amphinome, Aphrodite, Eumolpe, Néréide, Lombrinaire, Lombric, Sternapsis.

XVI. CLASSE DES APODES. 11ᵉ ligne. Linguatule, Strongle, Échinorhynque, Caryophyllée, Siponcle, Sangsue, Hexacotyle.

4ᵉ TABLEAU.

Suite du premier sous-règne.

TYPE DES MOLLUSQUES OU MALACOZOAIRES.

XVII. CLASSE DES CÉPHALIENS.

Ordre des Cryptodibranches. 1ʳᵉ ligne. Poulpe, Hélédone, Loligopsis, Sépiole, Cranchie, Onychie, Onychotheutis, Ptérotheutis, Sépiotheutis, Sépia, Bélosepia.

Ordre des Polythalamacés. 2ᵉ ligne. Bélemnite, Nautile, Spirule, Hamite, Baculite, Ammonite, Planospirite, Conulaire, Amplexus, Turrilite.

XVIII. CLASSE DES CÉPHALIDIENS.
Céphalidiens dioïques. 3ᵉ ligne. Triton, Casques, Strombe, Porcelaine, Cadran, Paludine, Ampullaire, Natice, Janthine.
Céphalidiens Amphioïques. 4ᵉ et 5ᵉ lignes. Limnée, Auricule, Hélice, Limace, Sigaret, Pleurobranche, Aplysie, Ombrelle, Bulle, Hyale, Clio, Phylliroé, Glaucus, Téthis, Doris, Phyllidie, Carinaire, Argonaute.
Céphalidiens monoïques. 6ᵉ ligne. Dentale, Patelle, Émarginule, Fissurelle, Haliotide, Crépidule, Calyptrée.

XIX. CLASSE DES ACÉPHALIENS. 7ᵉ ligne.
Ordre des Palliobranches. Lingule, Térébratule, Strophonème, Thécidée, Orbicule, Cranie.
Ordre des Lamellibranches. 8ᵉ ligne. Anomie, Lime, Avicule, Jambonneau, Arche, Vénus Chioné, Vénus pintade, Telline plane, Bucarde, Solen, Pholade.
Ordre des Hétérobranches. 9ᵉ ligne. Ascidie, Distome, Botrylle, Synoïque, Biphore, Pyrosome.

5ᵉ **TABLEAU**.

ANIMAUX TRANSITIONNELS.

Articulés rayonnés. 1ʳᵉ ligne. Planaire, Fasciole, Floriceps.
Mollusques articulés. 1ʳᵉ ligne. Oscabrion écailleux, Oscabrion larviforme.
Mollusques rayonnés. 1ʳᵉ ligne. Physale, Béroé, Diphye.

2ᵉ SOUS-RÈGNE. ACTINOZOAIRES.

XX. CLASSE DES CIRRHODERMAIRES. 2ᵉ ligne. Holothuries, Spatangue, Nucléolite, Clypéastre, Scutelle, Oursin, Astérie discoïde, Astérie gentille, Ophiure, Comatule, Encrine.

XXI. CLASSE DES ARACHNODERMAIRES. 3ᵉ ligne. Eudore, Équorée, Aglaure, Orythie, Rhyzostome, Rataire, Vélelle, Porpite.

XXII. CLASSE DES ZOANTHAIRES. 4ᵉ ligne. Lucernaire, Actinocère, Actinie, Actinodendre, Zoanthe, Fongie, Astrée, Madrépore.

XXIII. CLASSE DES POLYPIAIRES. 5e ligne. Alvéolite, Tubulipore, Myriapore, Flustre, Sertullaire, Cristatelle, Hydre.

XXIV. CLASSE DES ZOOPHYTAIRES. 6e ligne. Cuscutaire, Tubipore, Corail, Isis, Gorgone, Pennatule, Lobulaire.

3e SOUS-RÈGNE. HÉTÉROZOAIRES.

XXV. CLASSE DES AMORPHOZAIRES. Éponge Spongille, Téthie.

FIN.

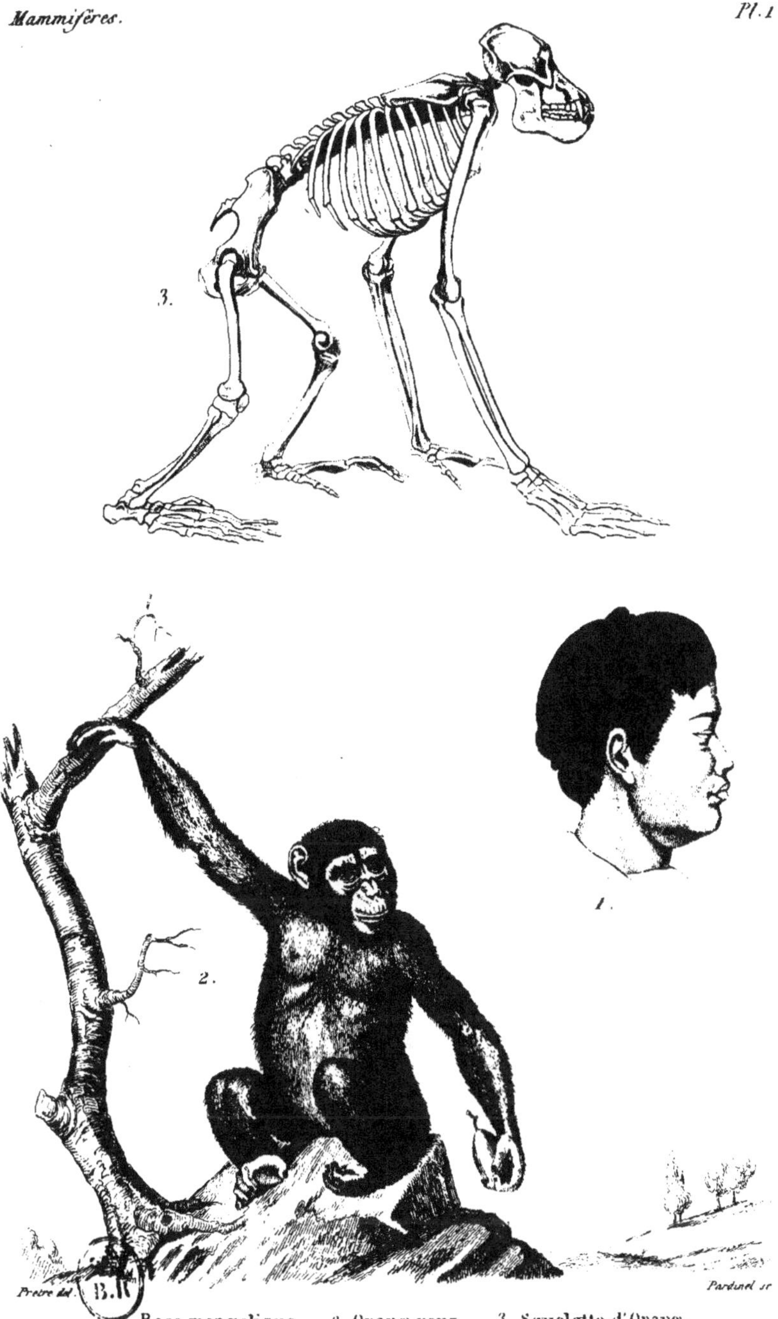

Prêtre del.   Pardinel sc.

1. Race mongolique.   2. Orang roux.   3. Squelette d'Orang.

1. Chimpansé. 2. Cynocéphale hamadryas d'après les monumens égyptiens. 3. Alouatte hurleur.
3 a, 3 b. Os hyoïde de hurleur. 5. Atèle Belzébut. 6. Cynocéphale.

1. Incisives de Galéopithèque. 2. Roussette. 3. Phyllostome vampire. 3 a. Sa tête. 3 b. Ses dents. 4. Desman. 5. Civette 6. Otarie.

1. Tigre royal. 2. Jaguar. 3. Guépard ou Tigre chasseur. 4. Doigt de Chat. 5. Putois.

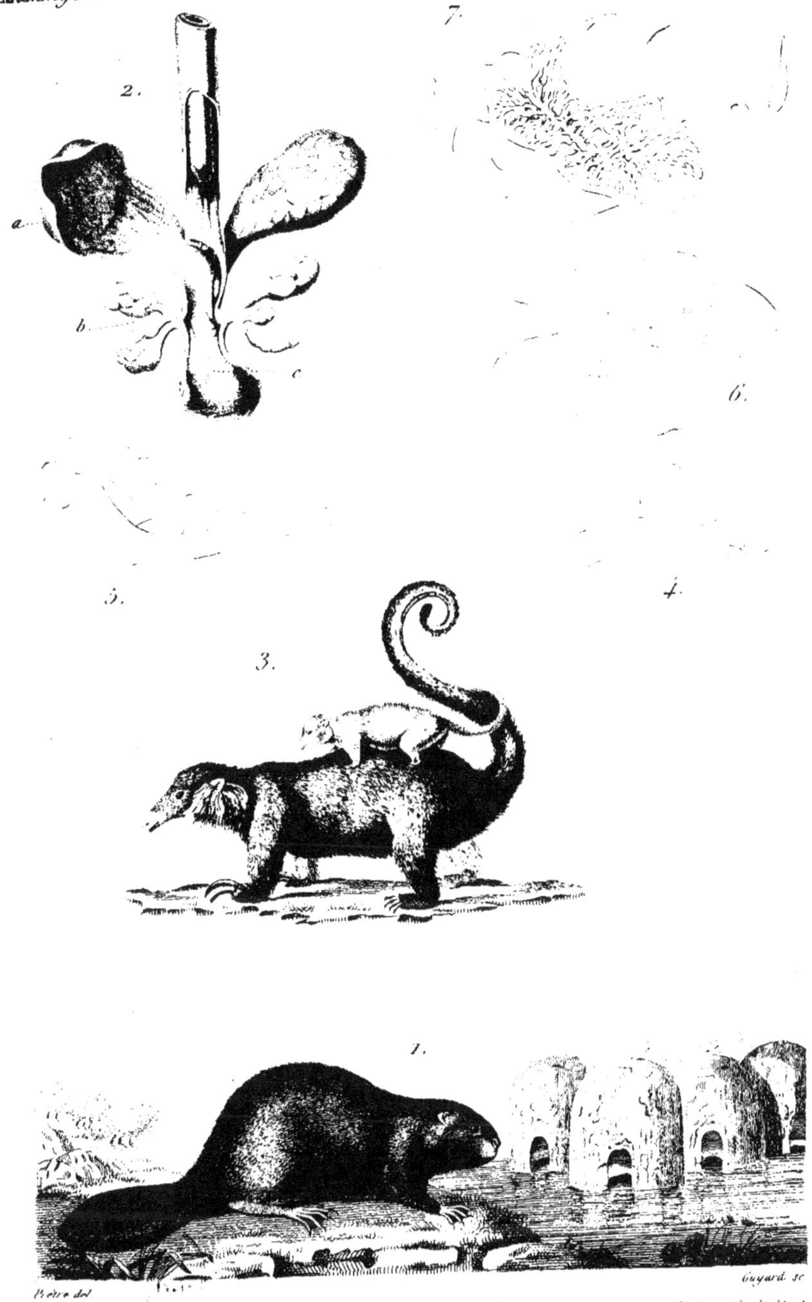

Prêtre del. Guyard sc.

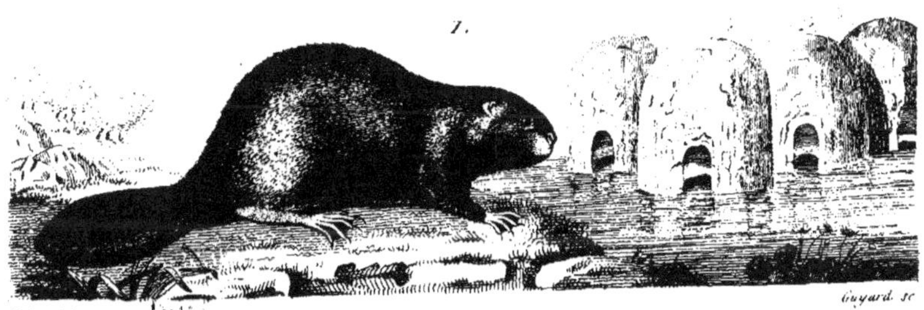

1. Castor. 2. Poches dans lesquelles se trouve le Castoréum. a. Poche ouverte. b. Glandes qui sécrètent de l'huile. c. Cloaque. 3. Fourmilier à deux doigts 4. Sa tête. 5. Oryctérope. 6. Lièvre. 7. Paca.

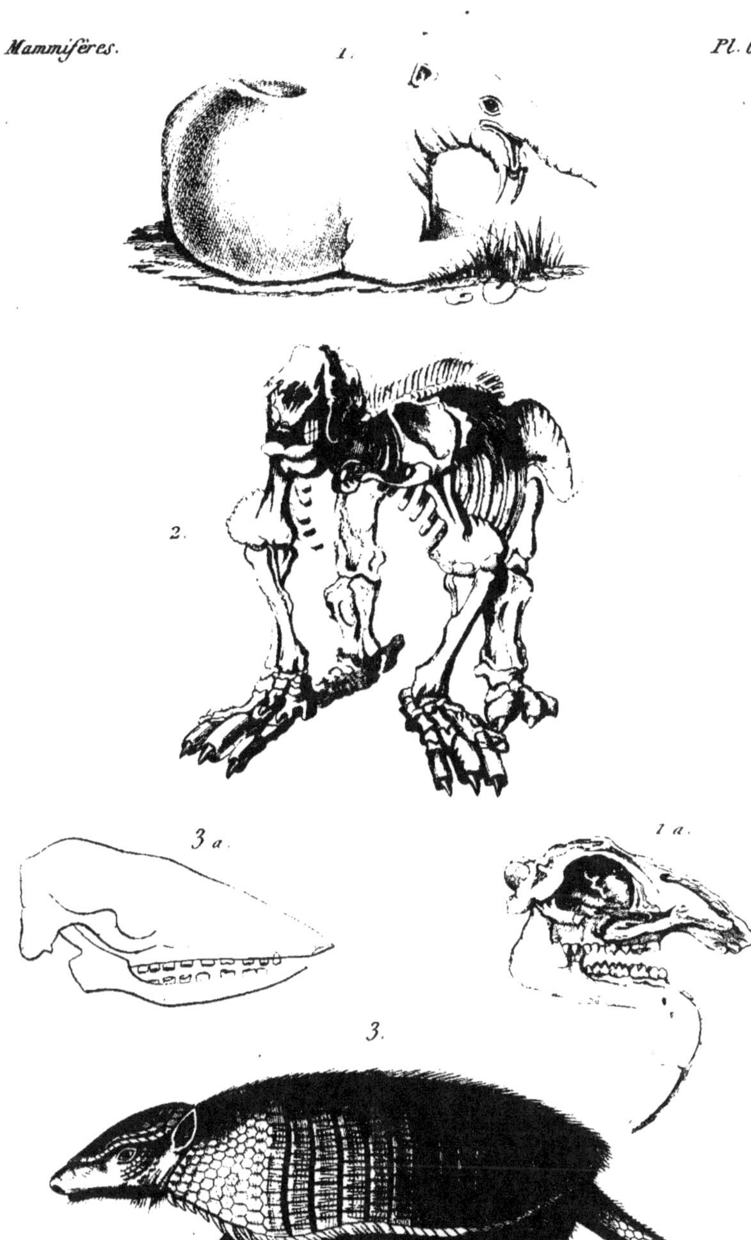

Prêtre del.   Pardinel sc.

1 Dinothère antédiluvien, restitué d'après Kaup. *1 a.* Sa tête. *2.* Mégathère antédiluvien.
3. Tatou encoubert. *3 a.* Sa tête.

1. Estomac de Ruminant. *p.* Panse. *b.* Bonnet. *f.* Feuillet. *c.* Caillette. 2. Dromadaire. 3. Lama. 4. Cerf. 5. Musc porte musc. 5 *a.* Sa tête. 6. Musc pygmée. 7. Mastodonte.

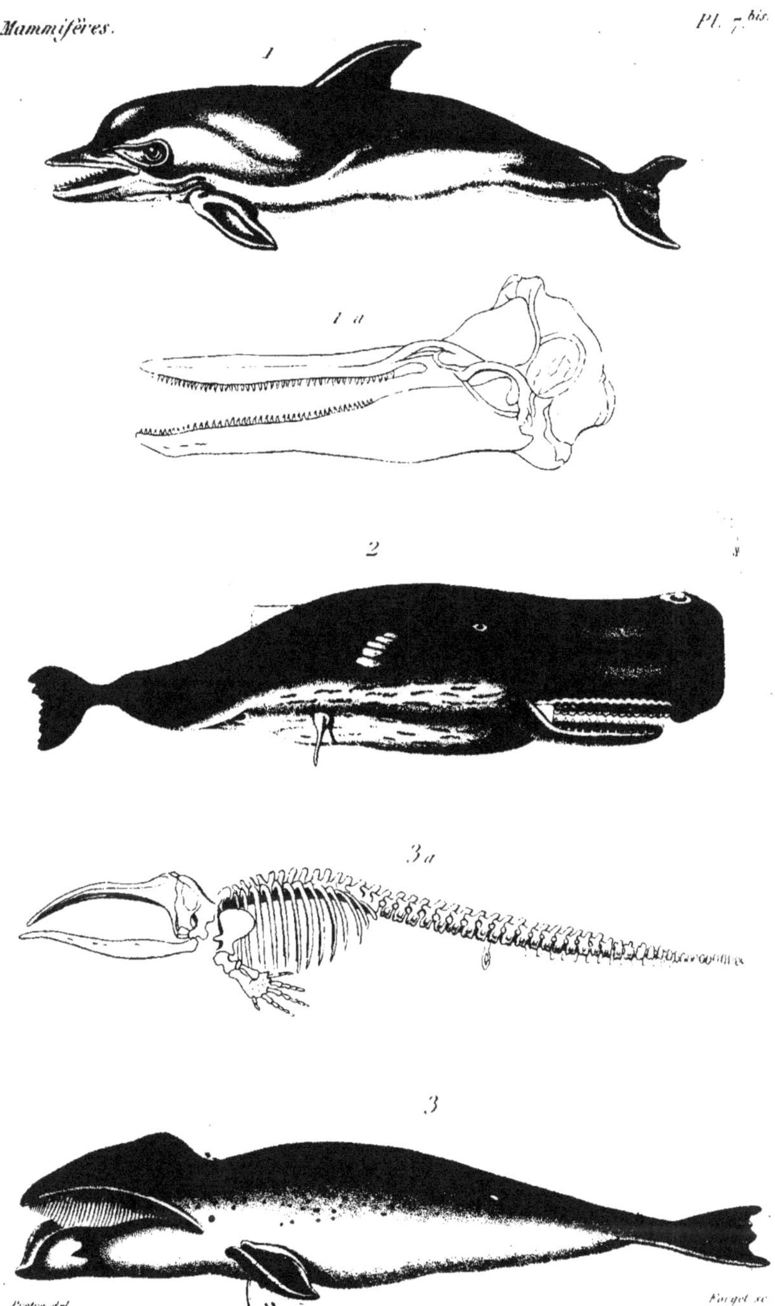

1. Dauphin vulgaire. 1 a. Sa tête. 2. Cachalot macrocéphale. 3. Baleine franche.
3 a. Squelette de Baleine franche.

1. Sarigue opossum. 2. Mamelles de Cyaopollin. 3. Kanguroo. 4. Dydelphes à la mamelle.
5. Tête de Phascolome. 6. Ornithorinque paradoxal. 6a. Sa tête. 7. Bassin avec des Os marsupiaux.

Prêtre del.

Pardinet sc.

1. Squelette de Faucon. 2. Vésicules formant le jaune de l'œuf. 2 a. Vésicule plus grossie et dont la membrane se déchire. 3. Granules. 4. Aigle destructeur. 5. Vautour royal.

1. Chouette mineur.   *2.* Condor.   *2 a.* Patte de Condor.   *3.* Dronte.   *4.* Sécrétaire.
5. Patte d'Aigle.   *6.* Vautour.

1. Hirondelle Salangane.   2. Engoulevent.   3. Casoar.   4. Cigogne marabou.

Prêtre del.   Pardinel sc.

1. Ibis sacré.   2. Phénicoptère.   3. Eider.   4. Manchot.

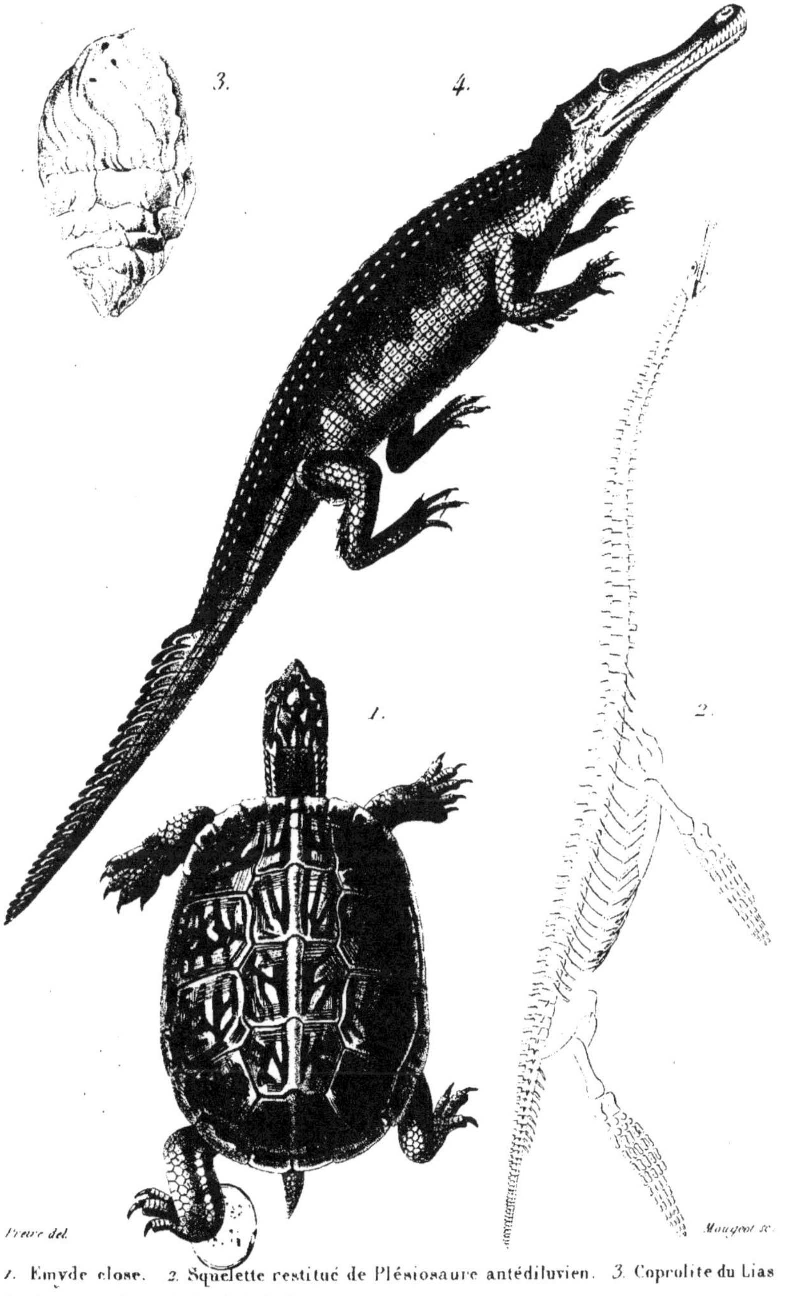

Prêtre del. Mougeot sc.

1. Emyde close. 2. Squelette restitué de Plésiosaure antédiluvien. 3. Coprolite du Lias de Lyme-regis. 4. Gavial du Gange.

1. Chélonée caret. 2. Trionyx du Nil. 3. Scinque officinal. 4. Seps. 5. Bimane. 6. Bipède.

Pl. 15.

1. Crotale Serpent à sonnettes. 2. Tête de Crotale. 3. Vipère naïa ou Serpent à lunettes. 4. Céraste.

5. Appareil à venin de la Vipère. a Glande qui sécrète le venin.

1. L'ipa de Surinam portant sa progéniture. 2. Crapaud accoucheur. 3. Rainette. 4. Triton fossile des schistes d'Œningen (homo diluvii testis des théologiens.) 5. 6. 7. 8. 9. Métamorphoses de la Grenouille.

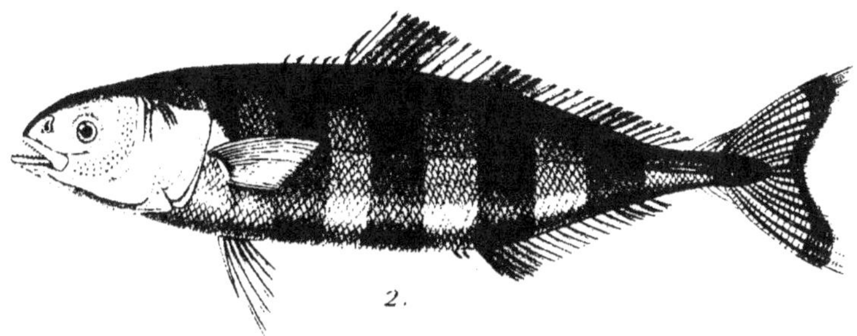

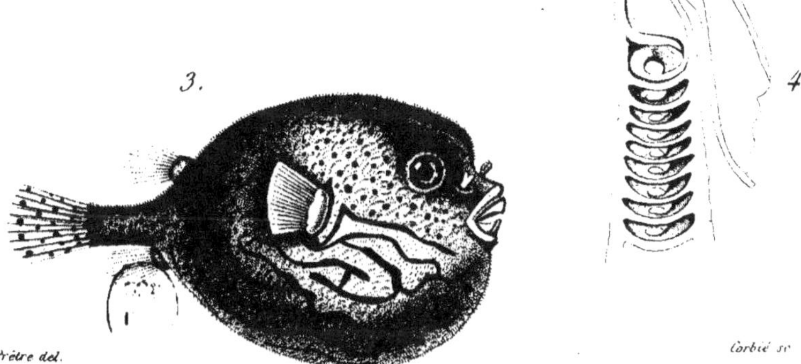

1. Squelette de Perche.   *2.* Centronote pilote.   *3.* Tétrodon rayé.   *4.* Squale. intestin en spirale.

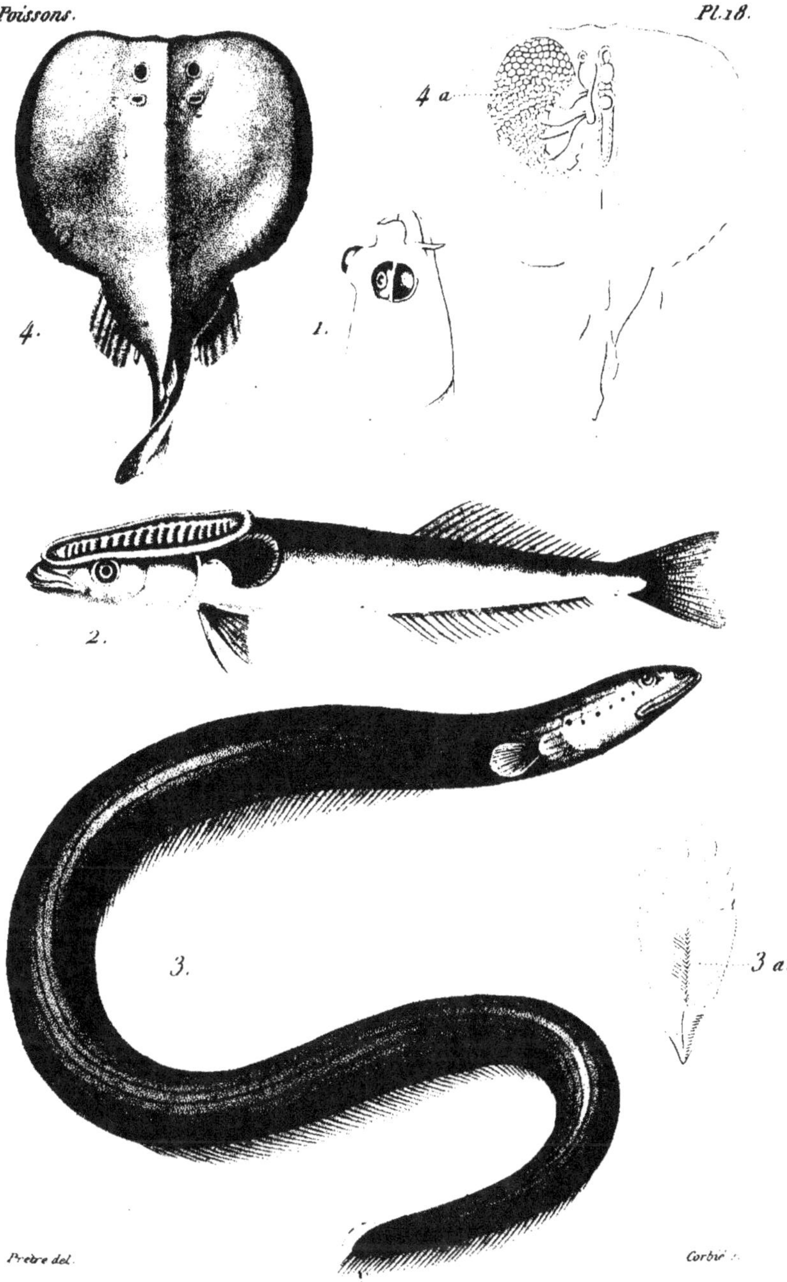

Prêtre del.   Corbié

1. Yeux d'Anableps.   2. Echénéide rémora.   3. Gymnote électrique.   3 a. Son'appa[...]
électrique.   4. Torpille électrique.   4 a. Son appareil électrique.

1. Épinoche.   2. Dactyloptère pirabèbe.   3. Baudroie.   4. Coffre triangulaire.

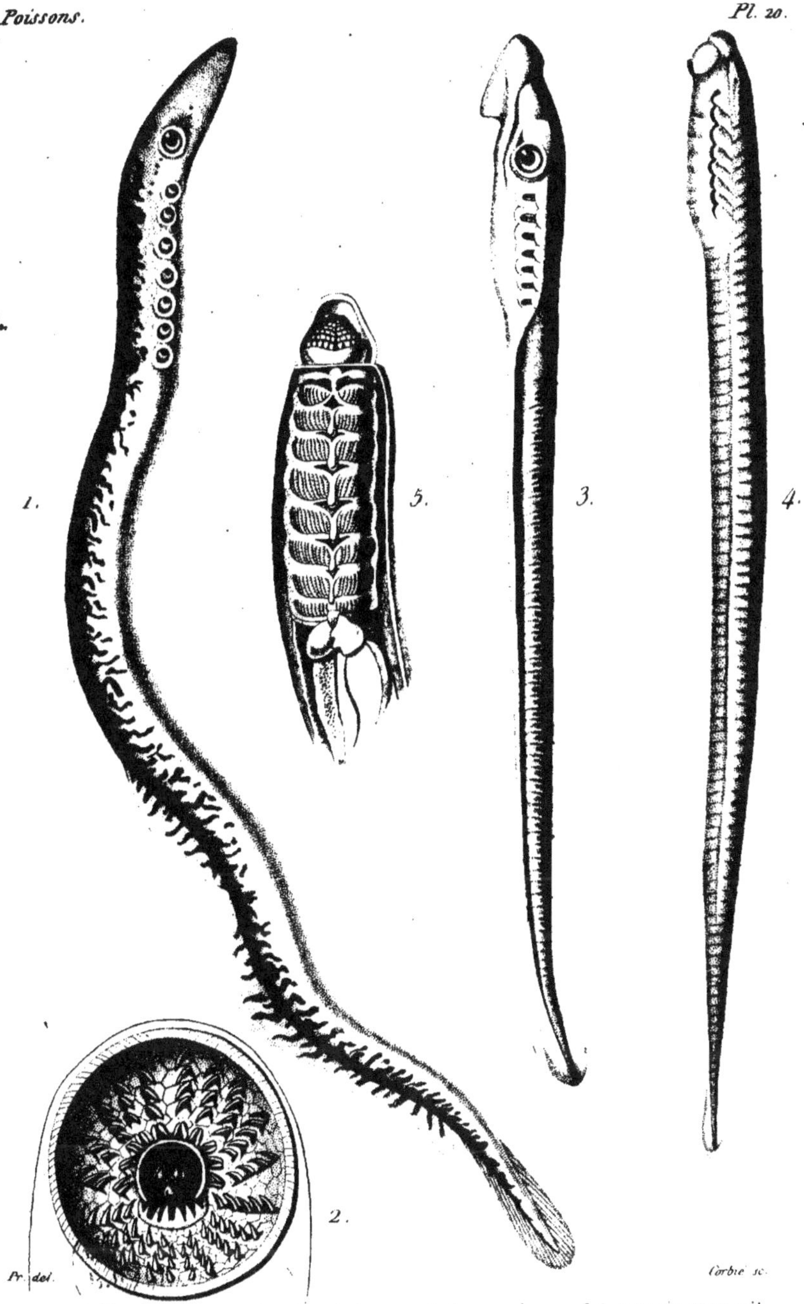

1. Grande Lamproie.   2. Bouche de la grande Lamproie.   3. Lamproie gros œil.

4. Ammocète rouge.   5. Bouche et Branchies de l'Ammocète rouge.

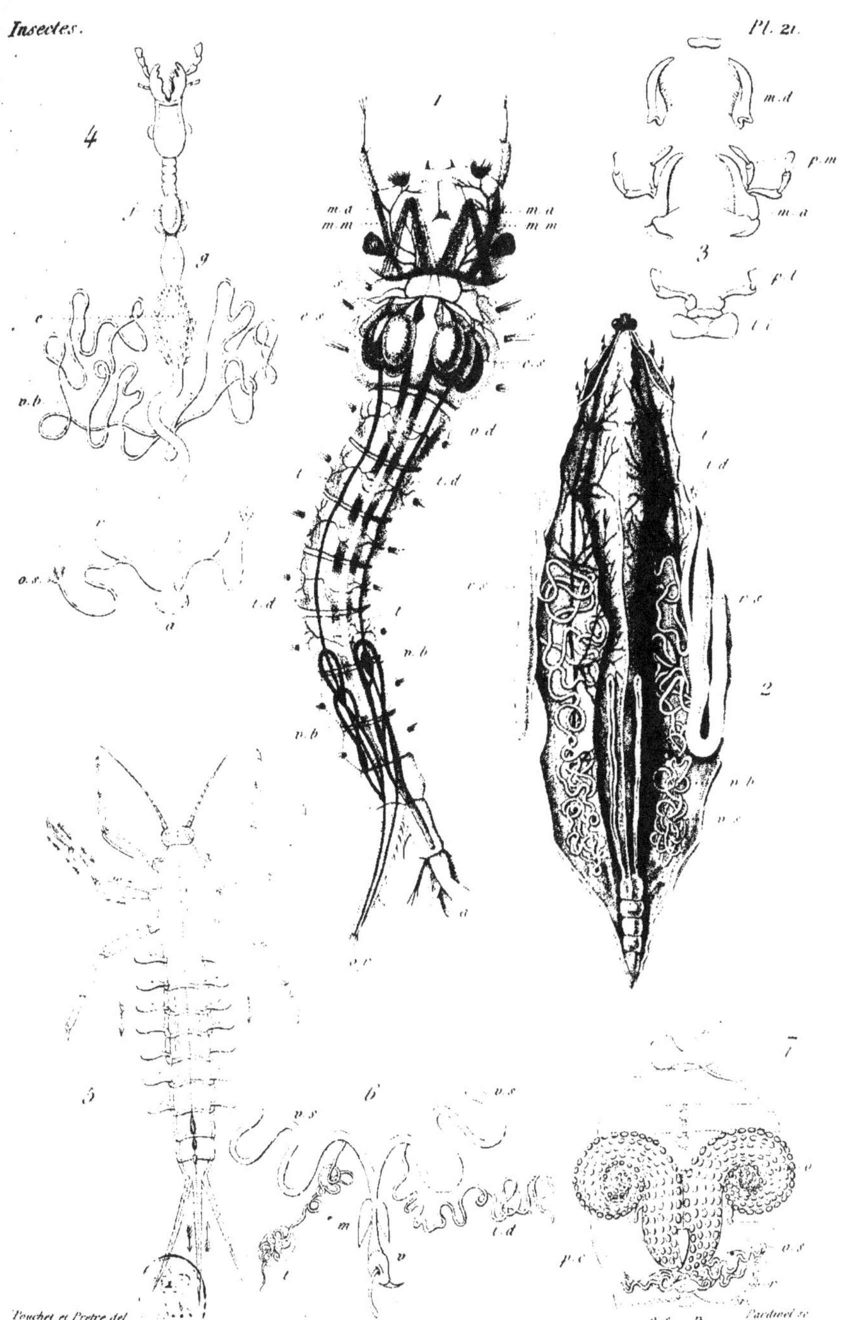

Pouchet et Pretre del.   Pardinel sc.

1. Larve de Cousin vue au microscope. *e.s.* Ses huit estomacs ovoïdes injectés. *t.d.* Tube digestif. *v.d.* Vaisseau dorsal. *t.* Trachées. *m.a.* Muscles des antennes. *m.m.* Muscles des Mâchoires. *2. Ver à soie. v.s.* Vaisseaux qui sécrètent la soie. *r.s.* Réservoirs de la soie. *3. Bouche d'un Carabe. 4. Canal digestif d'un Carabe. 5. Circulation du sang chez l'Éphémère. 6. Carabe doré. 7. Papillon du Chou.*

Pouchet et Pretre del. Cardinet sc.

1. Ateuchus des Egyptiens (Scarabée sacré) 2. Ateuchus d'après les monumens Egyptiens. 3. Nécrophore fossoyeur. 4. Ténébrion cadelle 5. Bostriche du Pin. 6. Bruche du Pois. 7. Pois ayant servi d'asile à des Bruches. a. Opercule. 8. Calandre du Palmier. 9. Calandre du Blé.

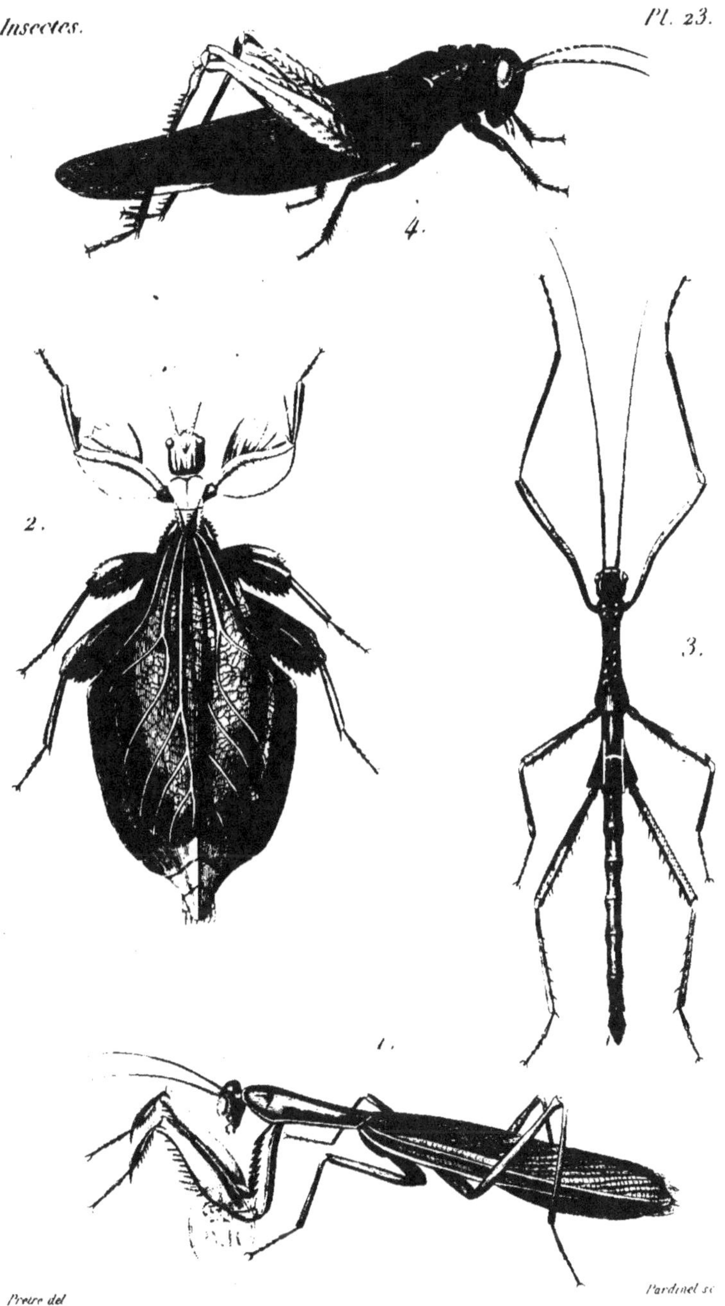

1. Mante striée.   *2.* Phyllie feuille.   *3.* Phasme géant.   *4.* Sauterelle émigrante.

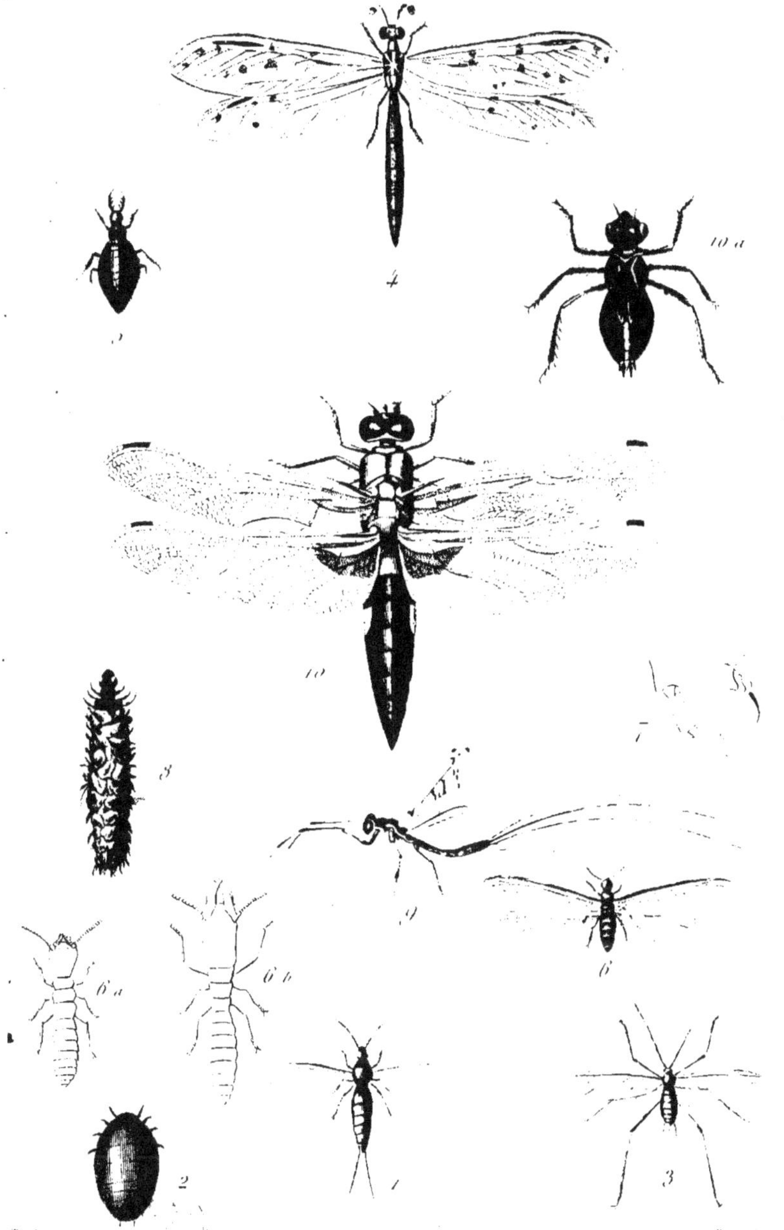

1. Cochenille mâle. 2. Cochenille femelle. 3. Puceron du Rosier. 4. Fourmilion des Fourmis. 5. Larve de ce Fourmilion.

6. Termite lucifuge. 6'a. Termite lucifuge travailleur. 6'b. Termite lucifuge soldat. 7. Pince de Panorpe mâle.

8. Larve de Phrygane. 9. Ephémère vulgaire. 10. Libellule déprimée. 10 a. Sa Nymphe.

Bouchet et Prêtre del.   Visto .... sc.

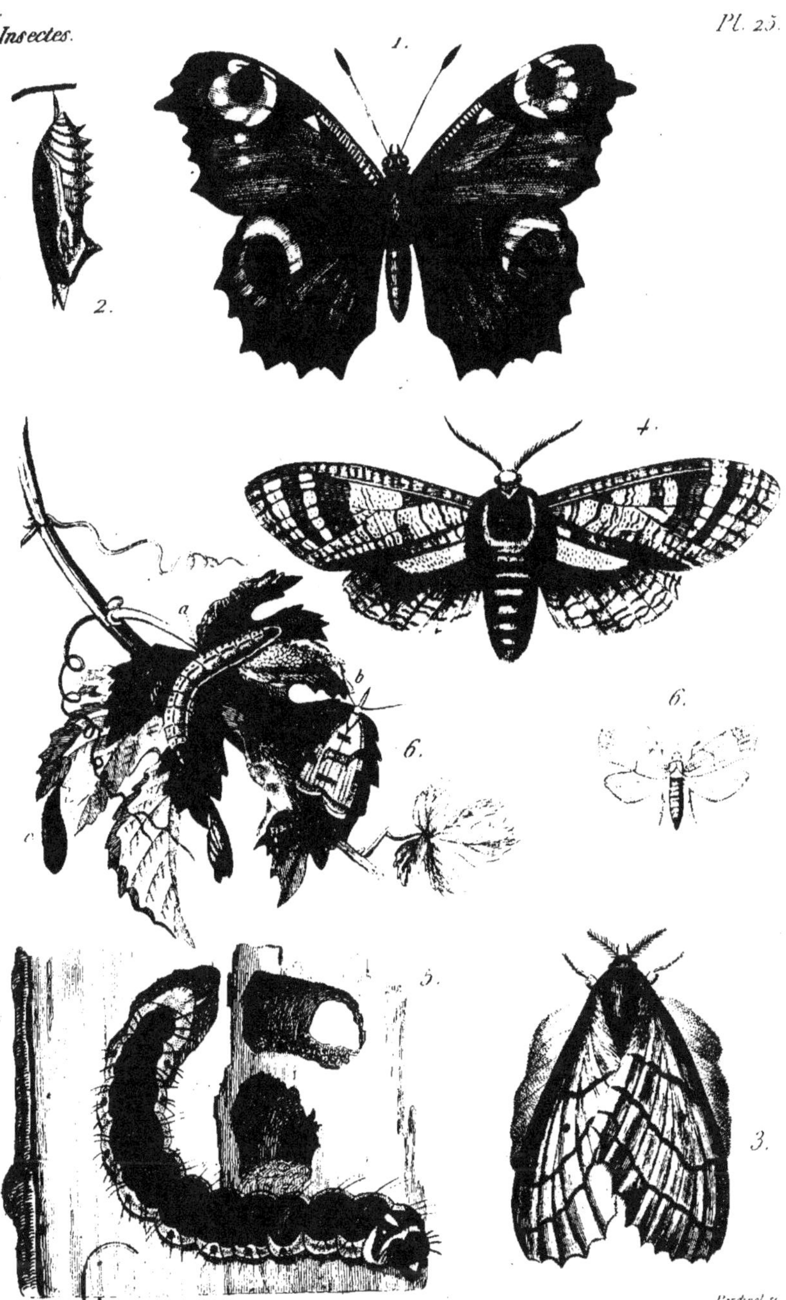

Pretre del.

Pardinel sc.

1. Papillon paon de jour. 2. Sa crysalide. 3. Bombyce feuille morte. 4. Cossus ligniperde.
5. Sa chenille et ses travaux. 6. Pyrale de la vigne. a. Sa Chenille. b. Ses œufs. c. Sa chrysalide.

1. Vanesse.   2. Sphinx demi-Paon.   3. Sésie asilipenne.   4. Zygène du
Sainfoin.   5. Ptérophore en éventail.   6. Orgyie mâle et femelle.

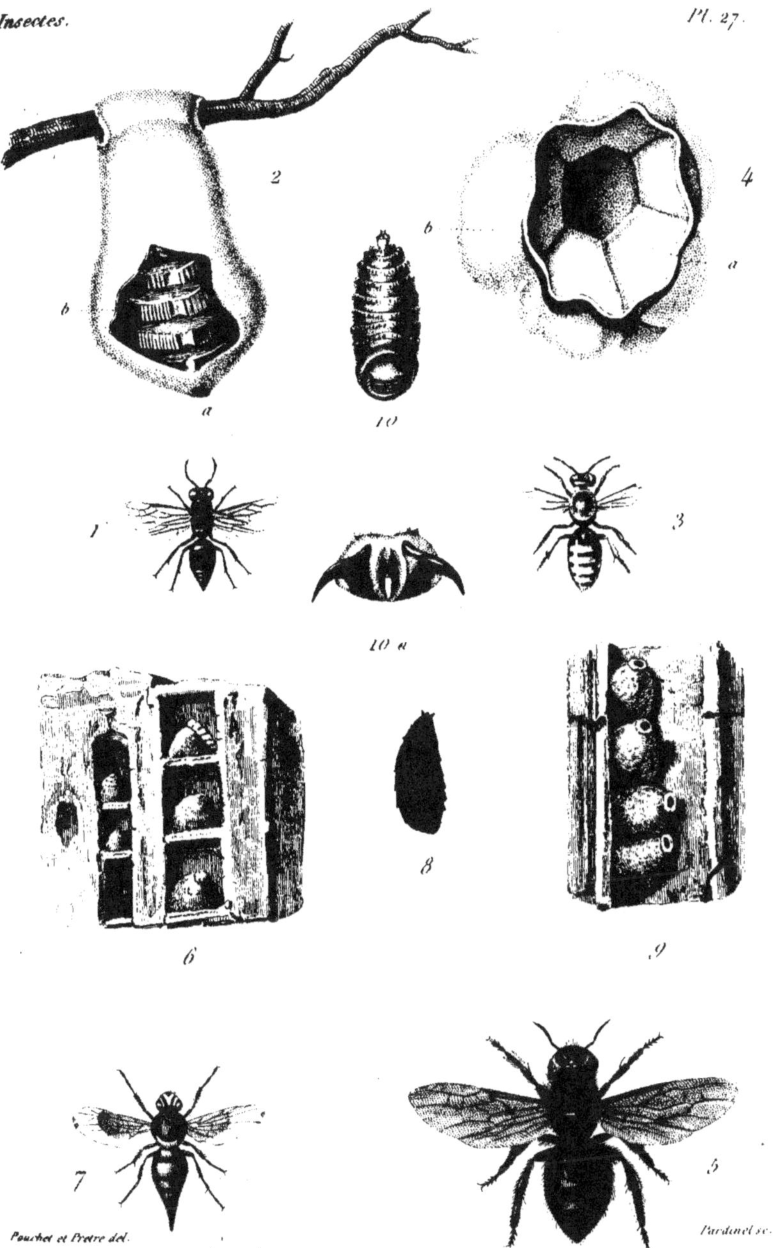

1. Guêpe cartonnière. 2. Nid de Guêpe cartonnière. 3. Mélipone domestique. 4. Magasins à miel de la Mélipone. 5. Xylocope violette. 6. Nids de Xylocope violette. 7. Œstre du Cheval. 8. Larve d'Œstre. 9. Nids d'Abeille maçonne. 10. Larve d'Œstre du Cheval. 10 a. Ses crochets.

Pouchet et Pretre del.

Pardinel sc.

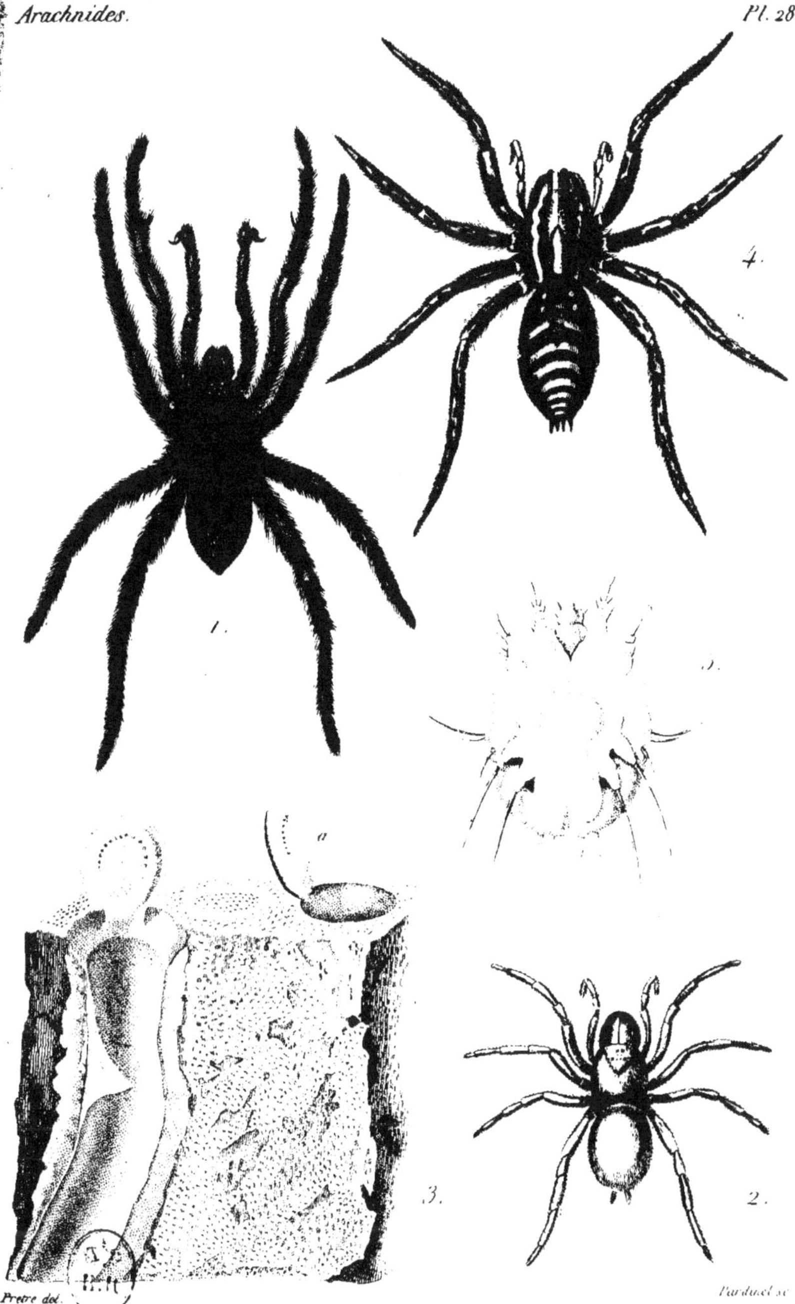

1. Mygale aviculaire.   2. Mygale pionnière.   3. Habitation de Mygale pionnière.   *a* Porte ou soupape mobile.   4. Lycose tarentule.   5. Sarcopte de la gale humaine.

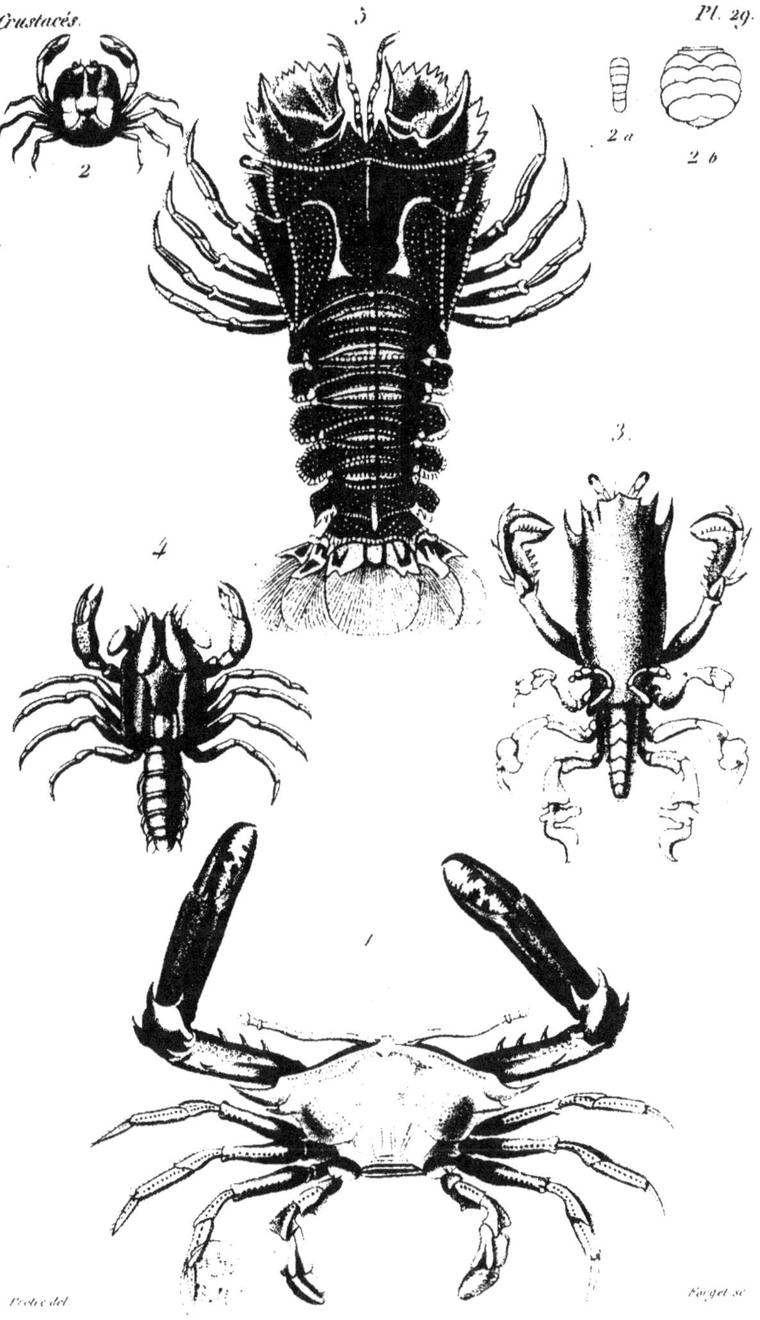

1. Podophthalme épineux.   2. Pinnothère pois.   2 a. Abdomen du mâle.   2 b. Abdomen de la femelle.
3. Ranine dorsipède.   4. Mégalope mutique.   5. Scyllare oriental.

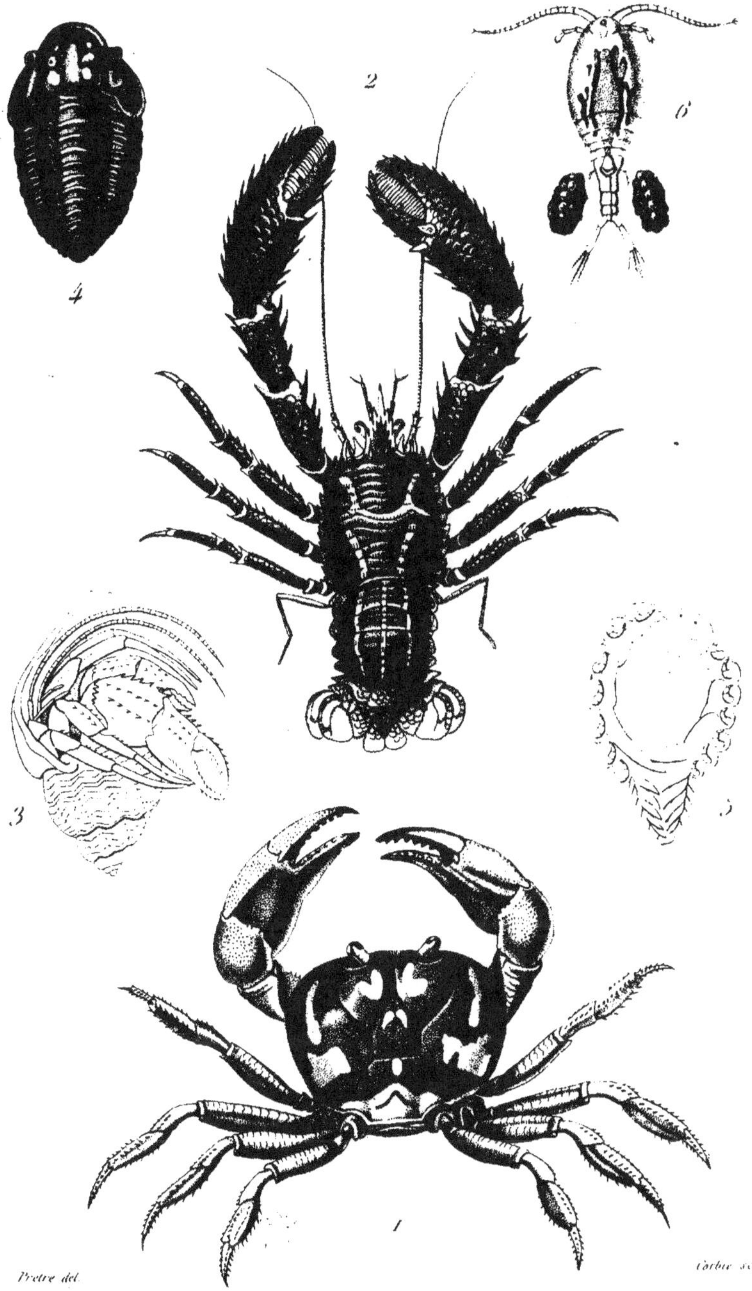

Pretre del.   Corbie sc

1. Gécarcin tourlourou   *2.* Galathée élancée.   *3.* Pagure Bernard dans une coquille.
4. Trilobite.   *5.* Bopyre des Crevettes   *6.* Cyclope commun femelle.

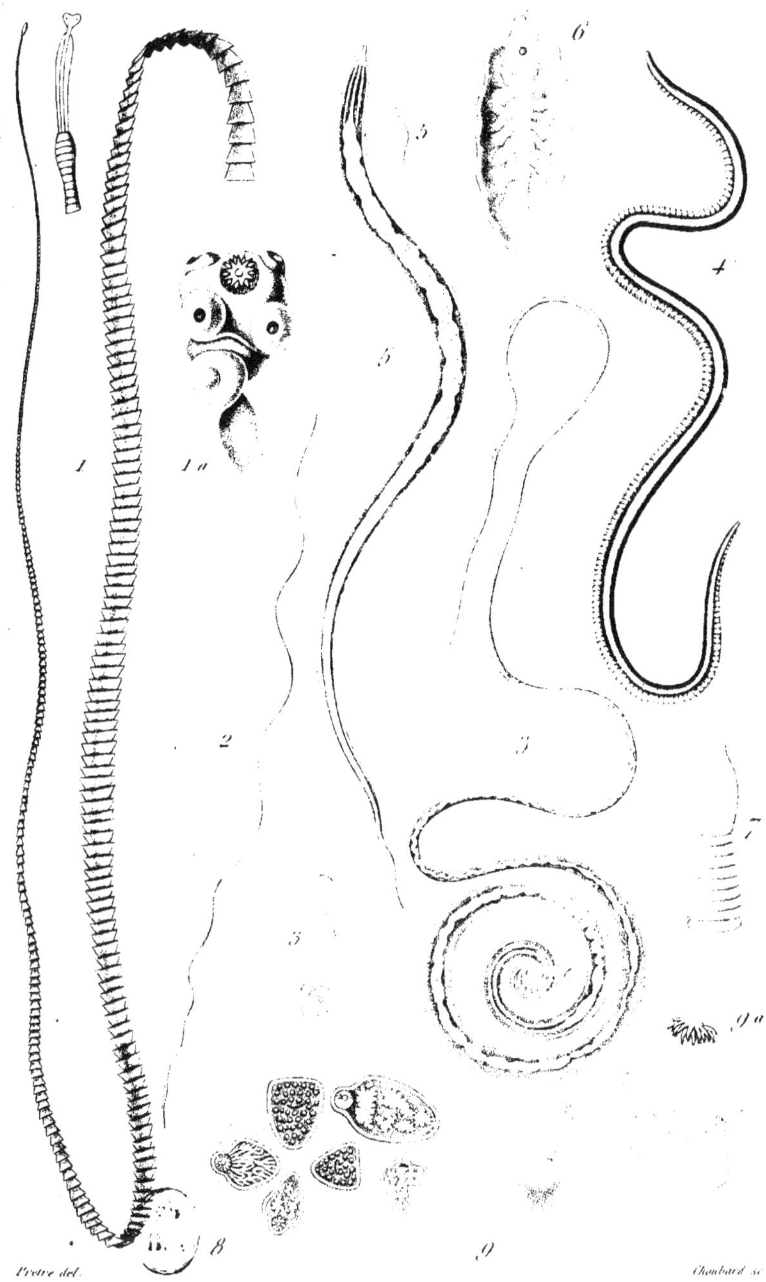

Pretre del.　　　　Chambard sc.

1. Ténia ver solitaire.　1a. Sa tête.　2. Filaire grêle　3. Trichocéphale de l'homme.
4. Ascaride lombricoïde.　5. Oxyure de l'homme.　6. Fasciole hépatique.　7. Tête de
Bothriocéphale.　8. Echinocoque de l'homme.　9. Cysticerque du tissu cellulaire　9a. Sa tête.

1. Sangsue officinale.   1 a. 1 b. Une de ses dents vue au microscope.   2. Yeux de Sangsue.   3. Cocons de Sangsue amplifiés.   4. Sangsue noire (Pseudobdelle).
5. Sangsue du Nil (Bdelle).   6. Sangsue aplatie (Glossobdelle).   6 a. Sa bouche.   7. Sangsue de Rudolphi (Branchiobdelle).   7 a. Ses branchies.   8. Sangsue
de Dutrochet (Geobdelle).   9. Sangsue à bandelettes (Pontobdelle).   10. Sangsue géomètre (Ichthyobdelle).

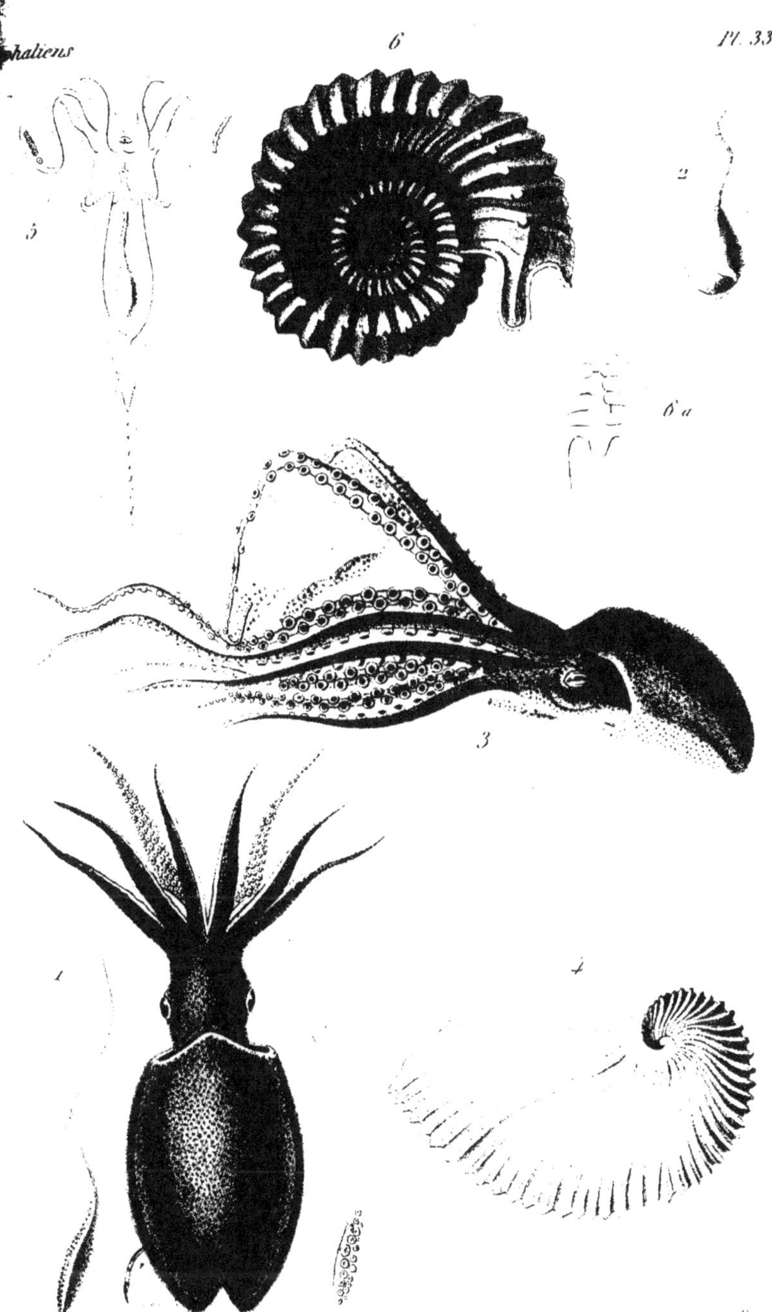

Prêtre del.   Forget Sc.

1. Sèche officinale. 2. Poche au noir de Sèche fossile. 3. Poulpe Argonaute. 4. Coquille dans laquelle il se loge
(Argonaute) 5. Belemno-Sépia Antédiluvienne restituée d'après Buckland. 6. Ammonite de Bayeux. 6a sa bouche

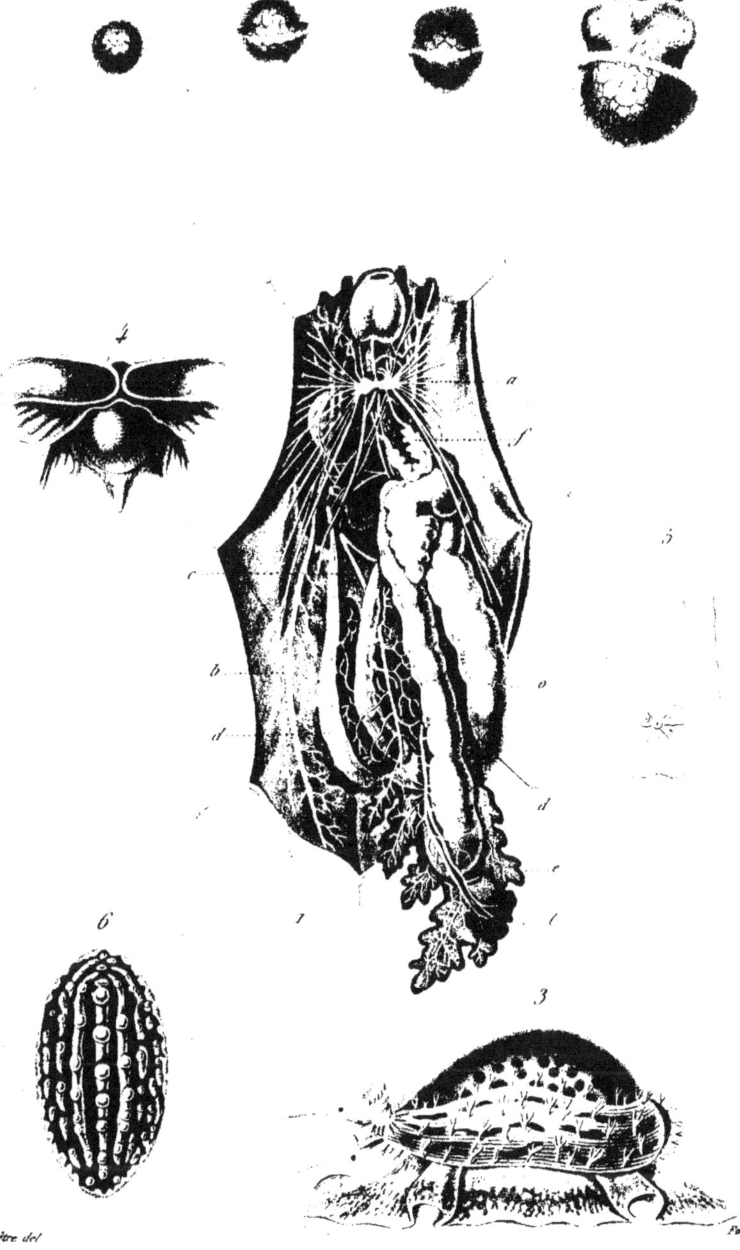

1. Anatomie de la Limace. *a.* Système nerveux. *b.* Système veineux. *c.* Système artériel. *d.* Intestins. *e.* Foie. *f.* Glandes salivaires.
2. Développement de l'embryon de la Limnée ovale. 3. Porcelaine. 4. Hyale tridentée. 5. Doris. 6. Phyllidie à trois lignes.

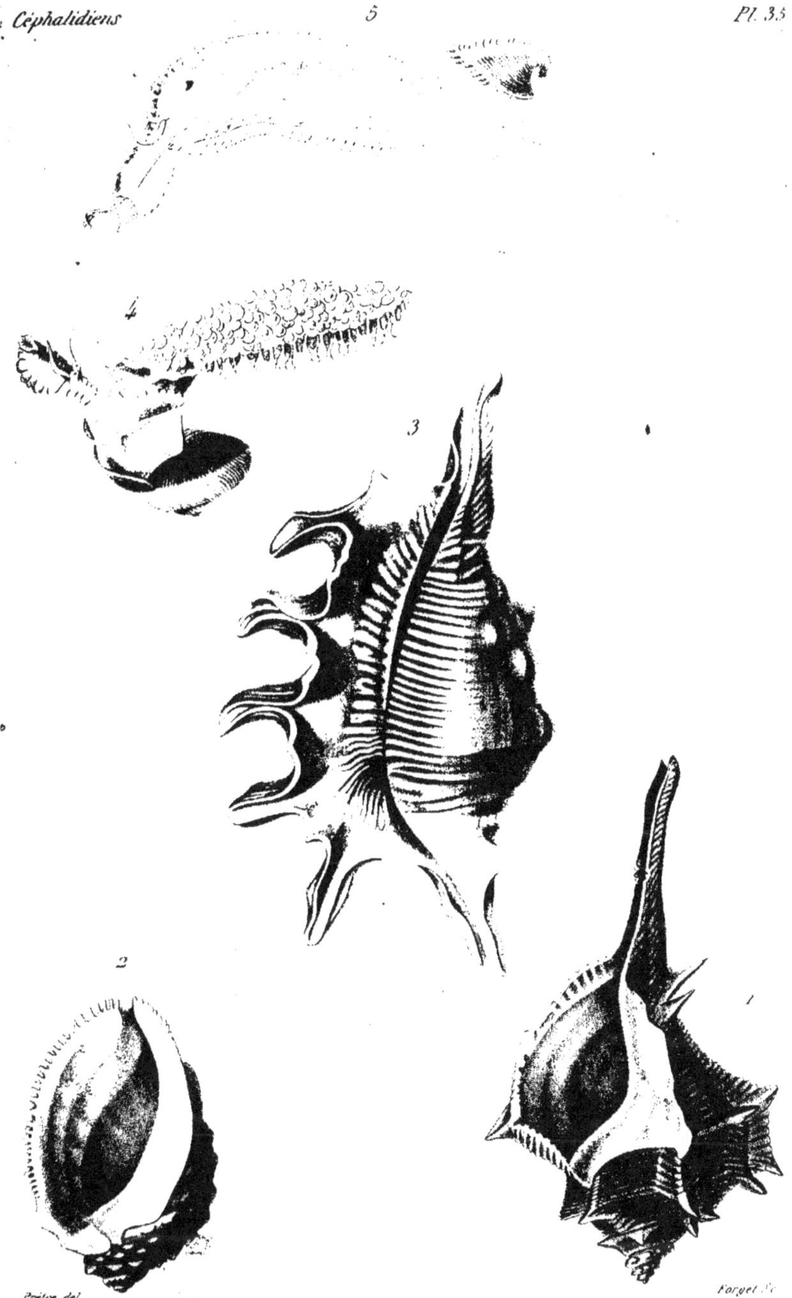

Prètre del.   Forget sc.

1. Rocher droite épine. 2. Pourpre antique. 3 Ptérocère Scorpion. 4. Janthine commune. 5. Carinaire de la Méditerranée

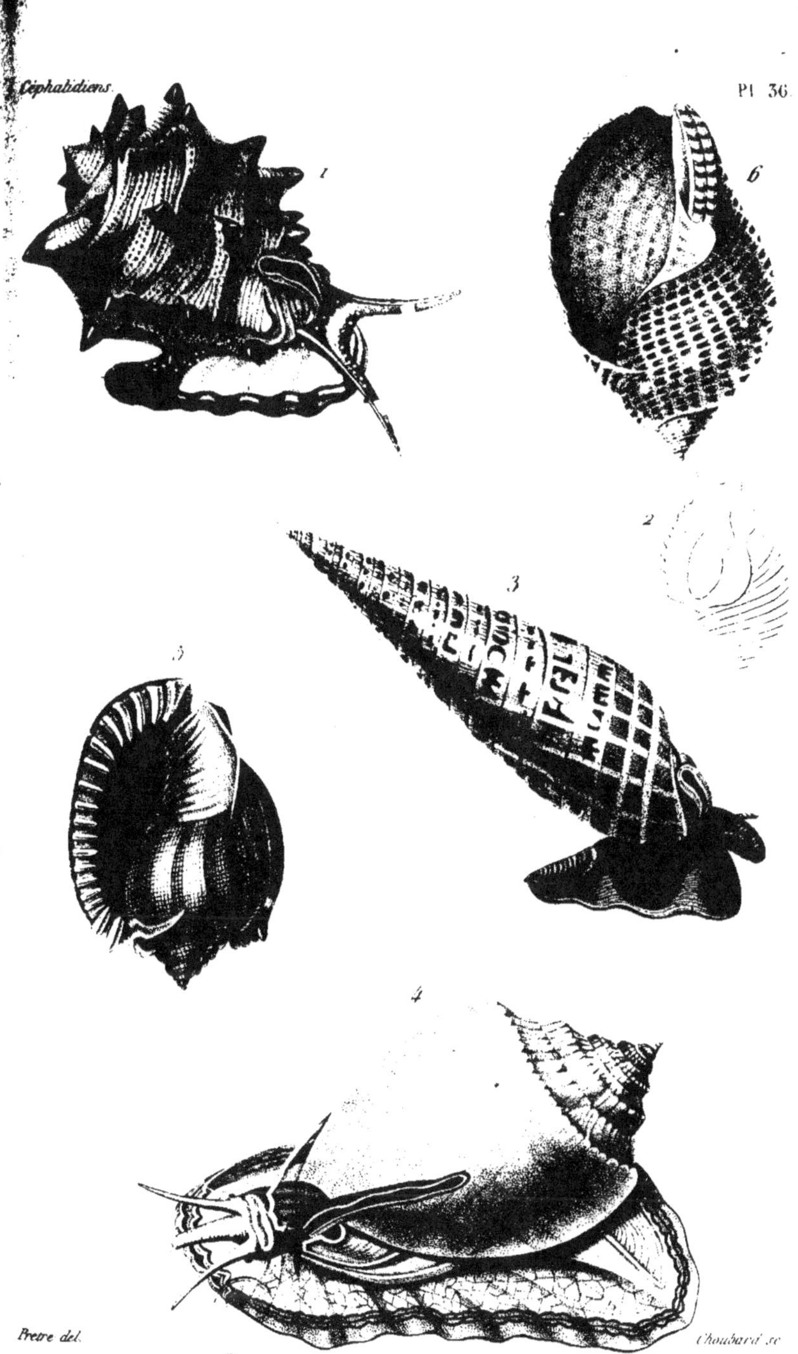

1. Pourpre muriquée. 2. Licorne imbriquée. 3. Vis tachetée. 4. Casque bézoard.
5. Casque treillissé. 6. Tonne perdrix.

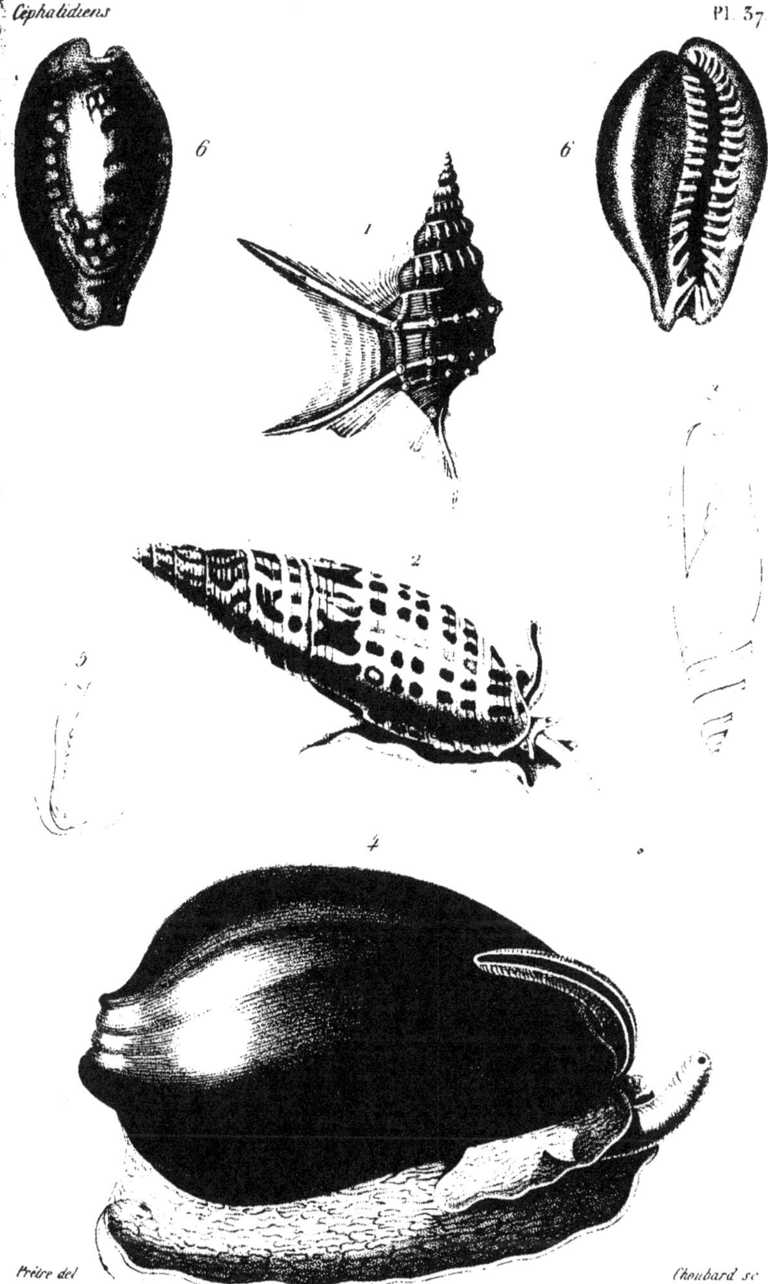

Prêtre del.   Choubard sc.

1. Rostellaire pied de Pélican. 2. Mitre épiscopale. 3. Mitre. 4. Volute de Neptune. 5. Marginelle. 6. Porcelaine roussette.

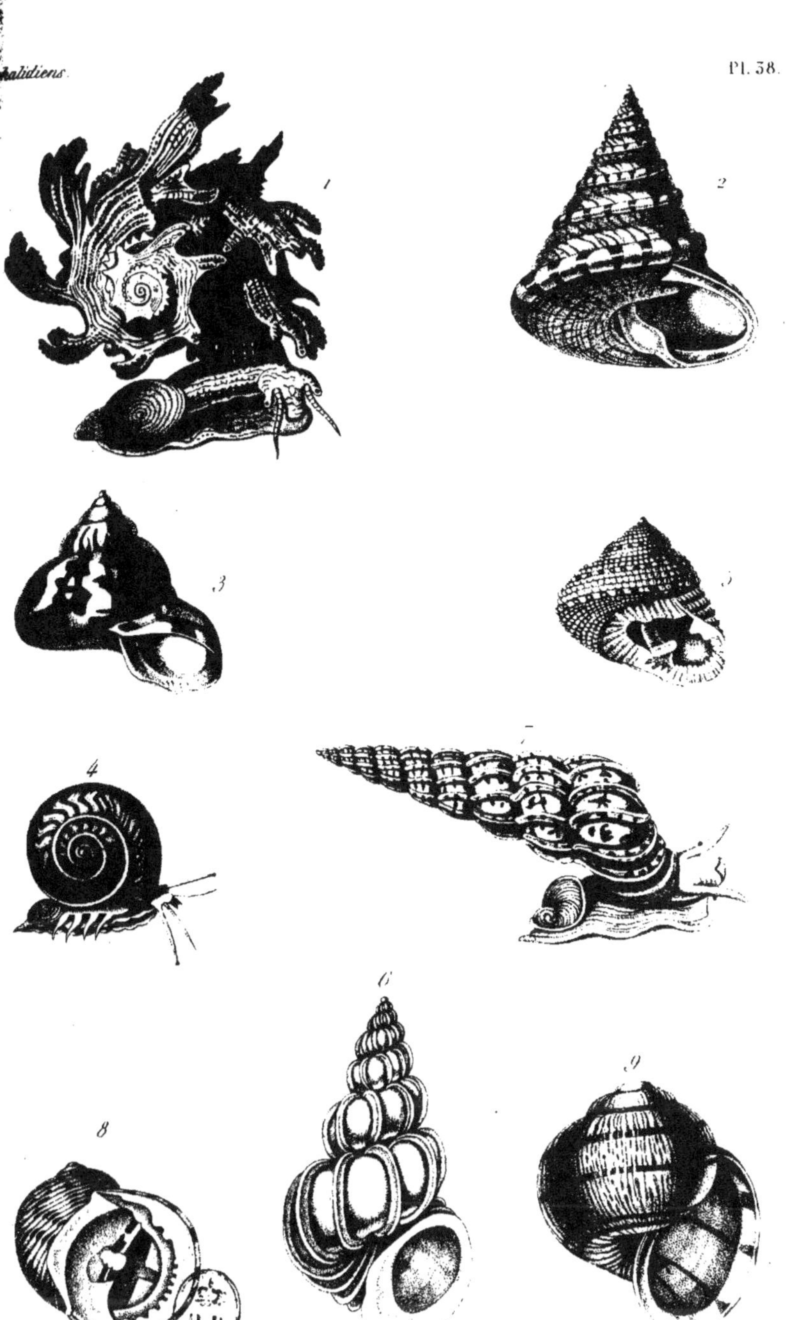

1. Dauphinule laciniée. 2. Troque marginée 3. Sabot pie 4. Roulette linéolée 5. Monodonte de Pharaon 6. Scalaire précieuse. 7. Scalaire commune. 8. Nérite saignante 9. Ampullaire de la Guyane.

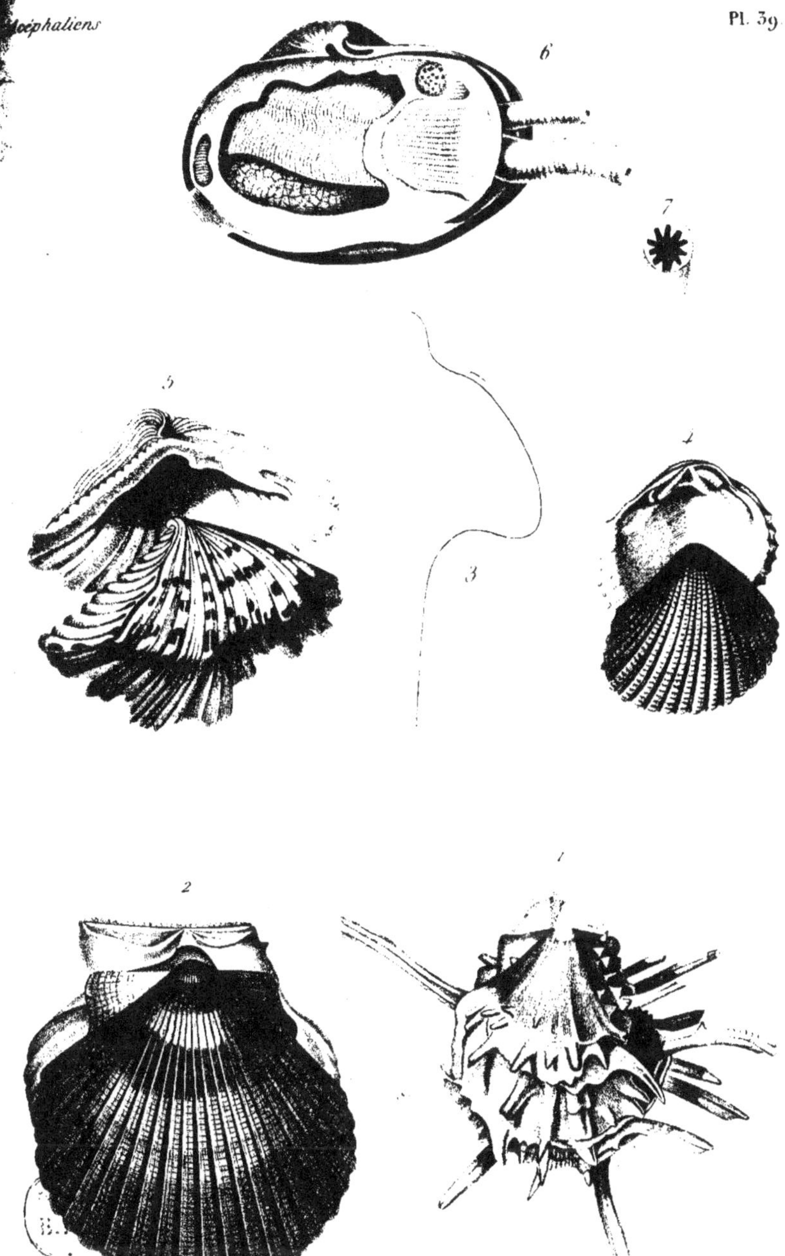

1. Spondyle américain. 2. Peigne gibbeux. 3. Avicule hétéroptère. 4. Trigonie pectinée.
5. Hippope chou. 6. Thracie corbuloïde. 7. Extrémité d'un des tubes de la Thracie.

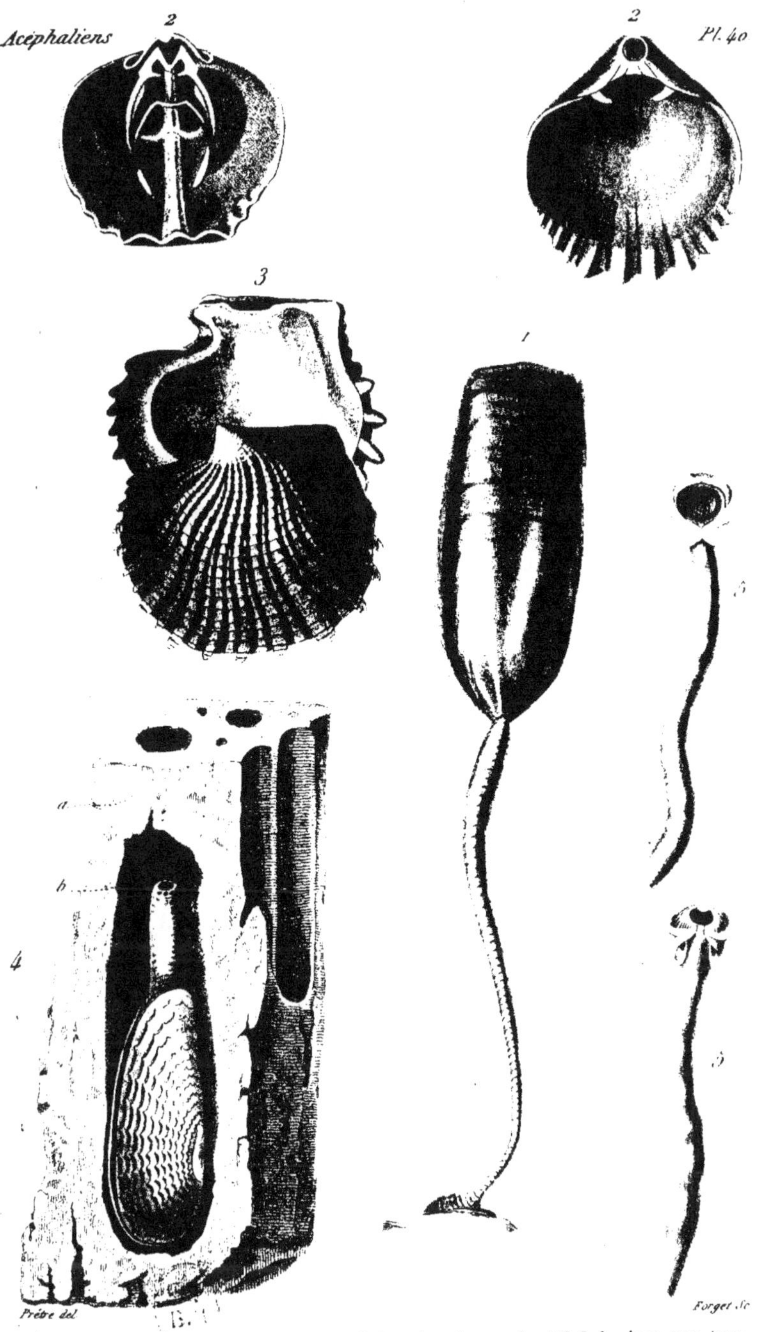

1 Lingule anatine. 2. Térébratule dorsale. 3. Avicule mère-perle. 4. Pholade dans son trou.
a. Roche calcaire. b. Couche de sable et de vase. 5 Taret commun.

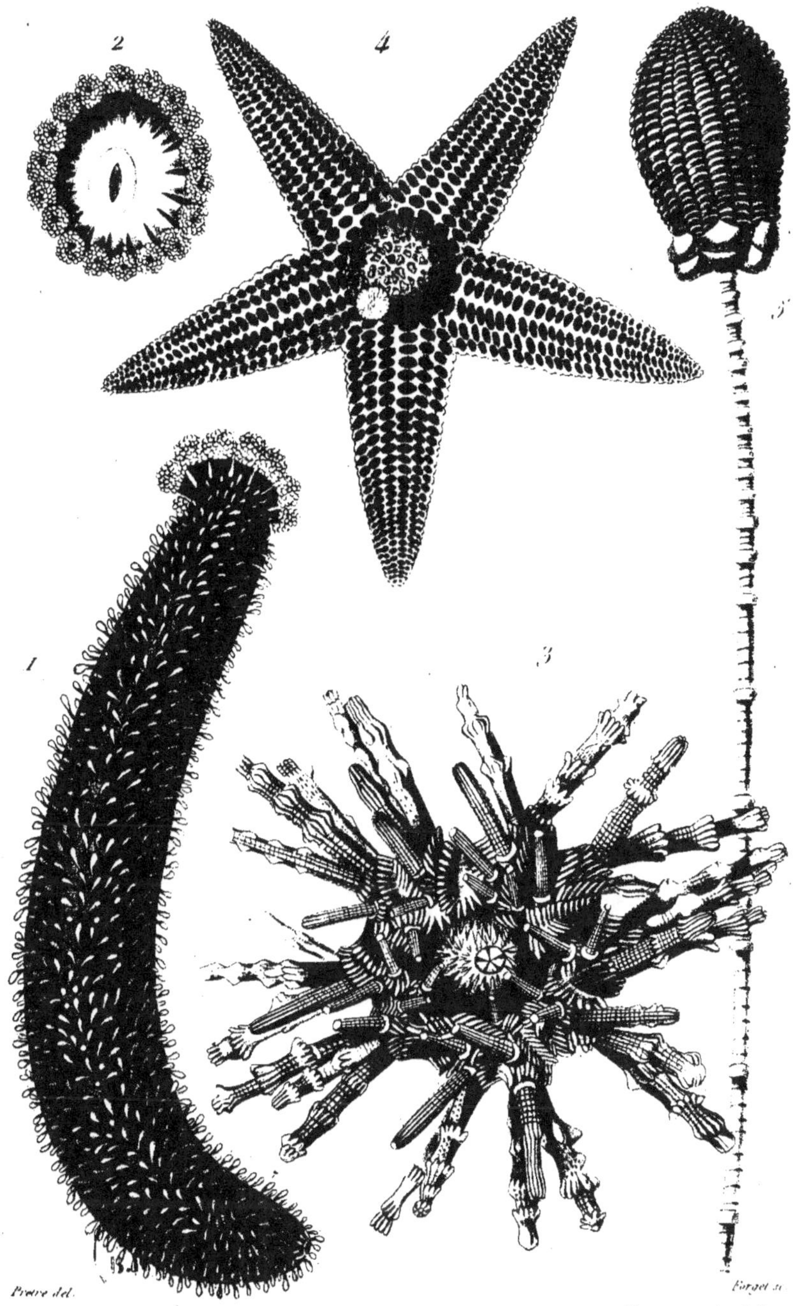

Preвre del.   Forget sc.

1. Holothurie tubuleuse.   2. Son ouverture buccale.   3. Oursin verticillé.   4. Astérie rougeâtre   5. Encrine Lis de mer.

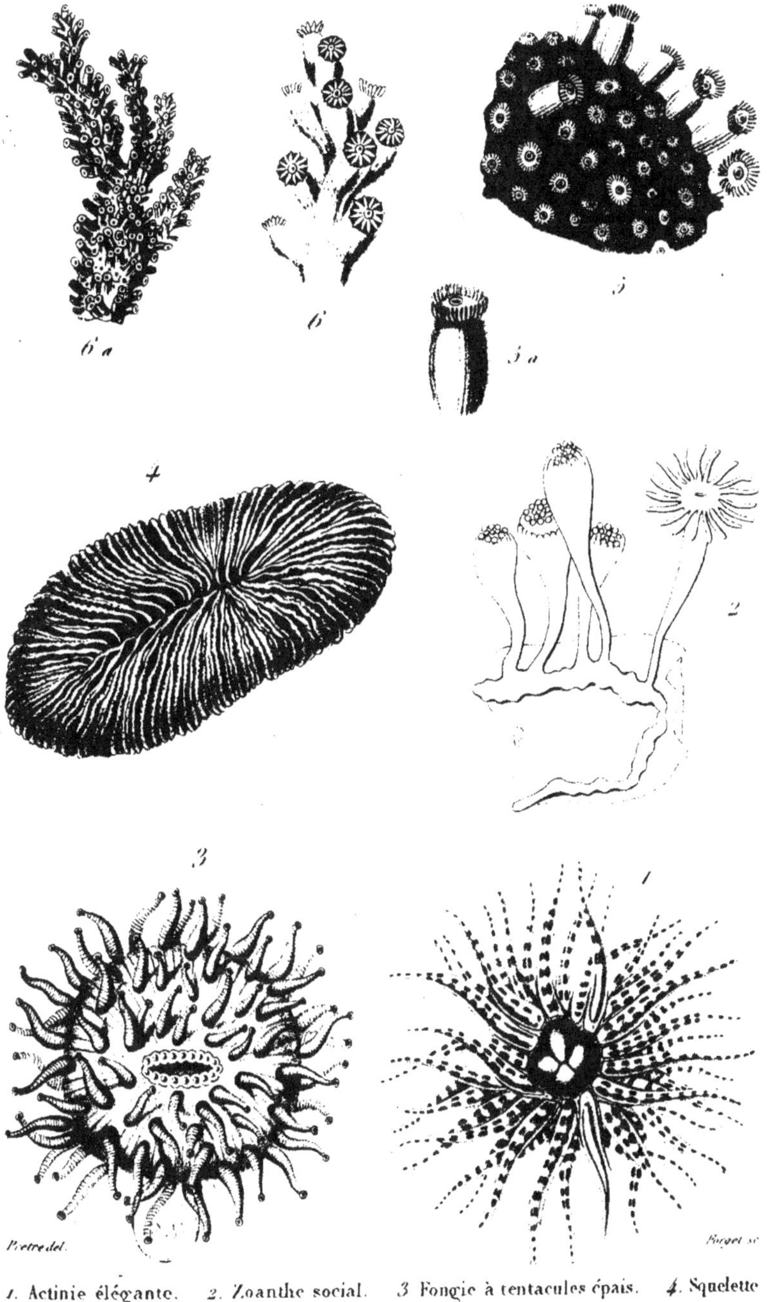

1. Actinie élégante. 2. Zoanthe social. 3 Fongie à tentacules épais. 4. Squelette calcaire de la Fongie limace. 5. Astrée caliculée. 5 a. Son animal amplifié. 6. Madrépore abrotanoïde. 6 a. Son squelette calcaire.

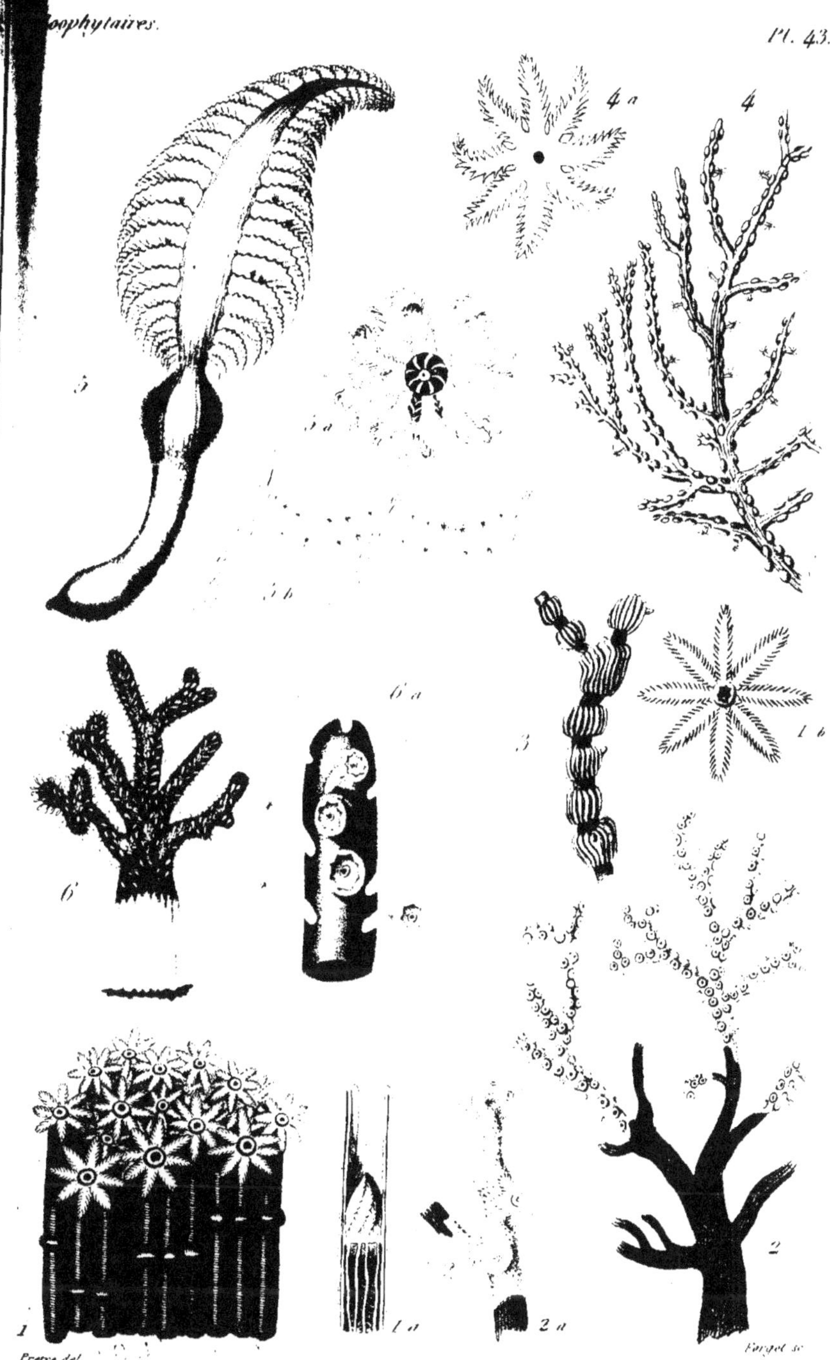

1. Tubipore pourpre. 1 a. 1 b. Son animal amplifié. 2. Corail rouge. 2 a. Ses animaux grossis.
3. Isis hippuris. 4. Gorgone verruqueuse. 4 a. Son animal amplifié. 5. Pennatule grise.
5 a. 5 b. Détails anatomiques. 6. Alcyon orangé. 6 a. Ses animaux amplifiés.

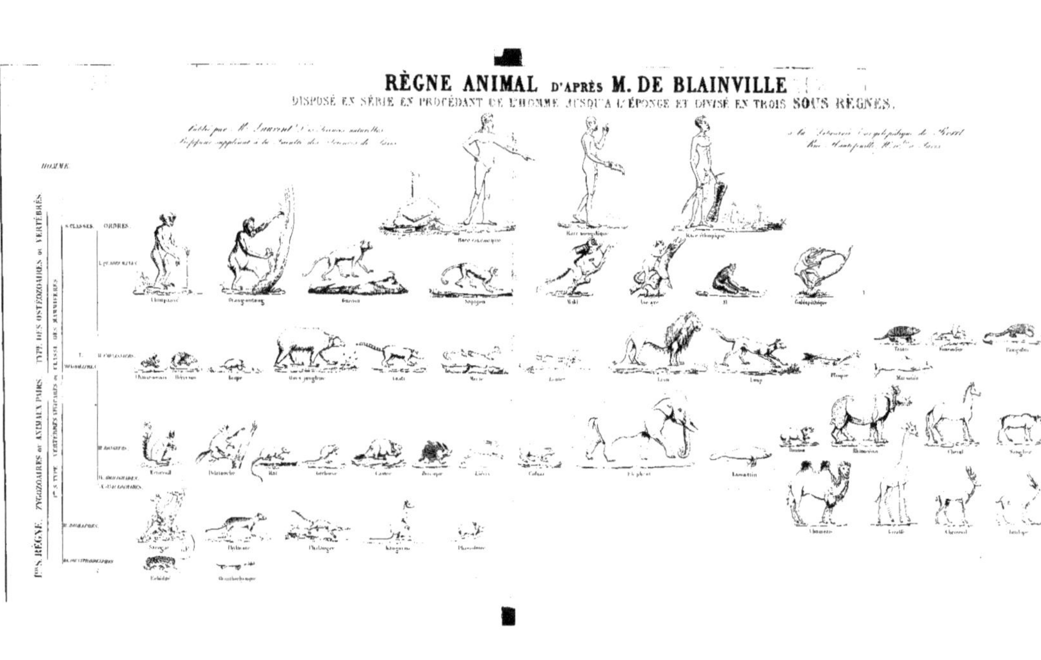

RÈGNE ANIMAL D'APRÈS M. DE BLAINVILLE
DISPOSÉ EN SÉRIE EN PROCÉDANT DE L'HOMME JUSQU'A L'ÉPONGE ET DIVISÉ EN TROIS SOUS RÈGNES.
HOMME
CLASSES. ORDRES.
Chimpanzé
Orang-outang
Semnon
Sapajou
Maki
Lémur
Aï
Galéopithèque
Loutre
Loup
Lion
Lynx
Tatou
Fourmilier
Pangolin
Éléphant
Lamantin
Rhinocéros
Cheval
Sanglier
Chameau
Chevreuil

TYPE DES OSTÉOZOAIRES ou VERTÉBRÉS.

I.er S. RÈGNE. ZIGOZOAIRES ou ANIMAUX PAIRS. — II.e S. TYPE. VERTÉBRÉS COUVERTS DOUÉS EN VI CLASSES.

CLASSES.

I. OISEAUX.

II. PTÉRODACTYLES.

III. REPTILES.

IV. ICHTYOZOAIRES.

V. AMPHIBIES.

POISSONS.

I. OSSEUX.

II. SUBOSSEUX.

III. CARTILAGINEUX.

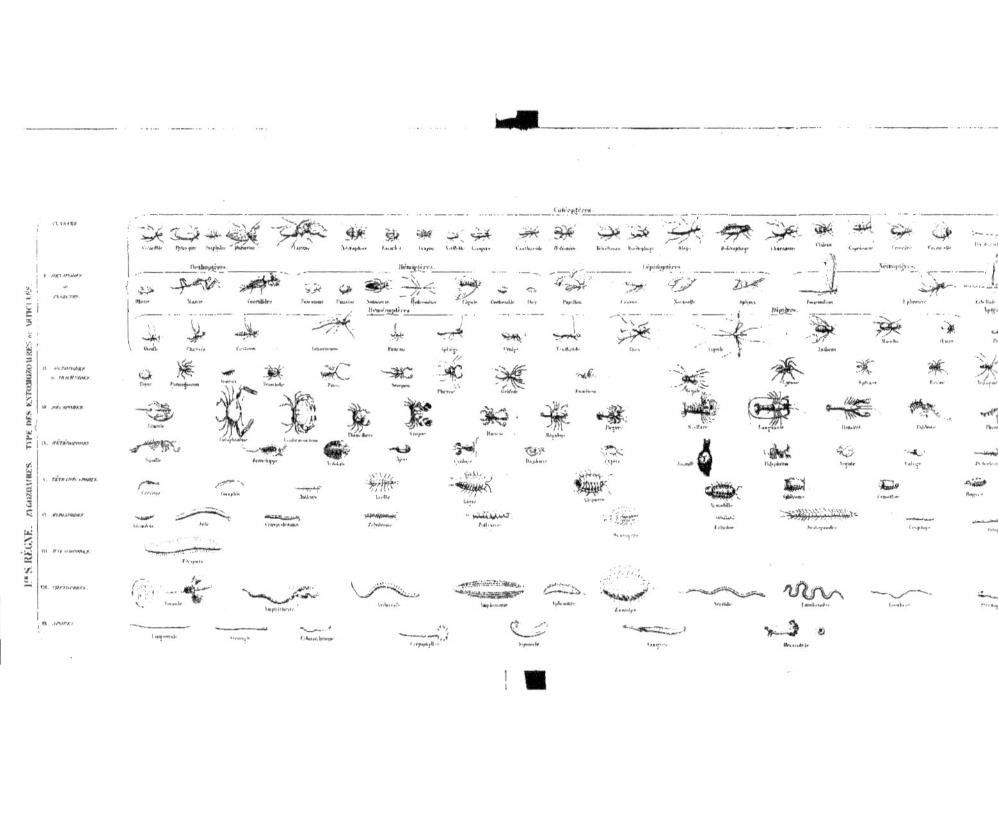

1re S. RÈGNE. ZOOZOAIRES. TYPE DES ENTOZOAIRES ou ARTICULÉS.
Coléoptères.
Orthoptères.
Hémiptères.
Lépidoptères.
Névroptères.
Hyménoptères.
Diptères.
Aphères.
CLASSES
I. HEXAPODES ou INSECTES.
II. OCTOPODES ou ARACHNIDES.
III. DÉCAPODES.
IV. HÉTÉROPODES.
V. TÉTRADÉCAPODES.
VI. MYRIAPODES.
VII. D'UN SEUL PIED.
VIII. CHÉTOPODES.
IX. APODES.

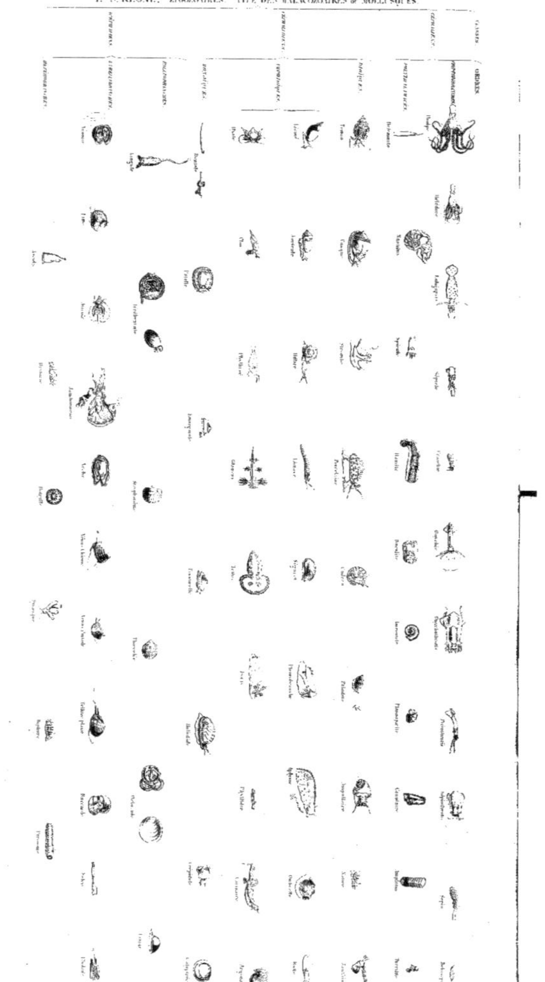
1er S. RÈGNE. ZYGOZOAIRES. TYPE DES MALACOZOAIRES ou MOLLUSQUES

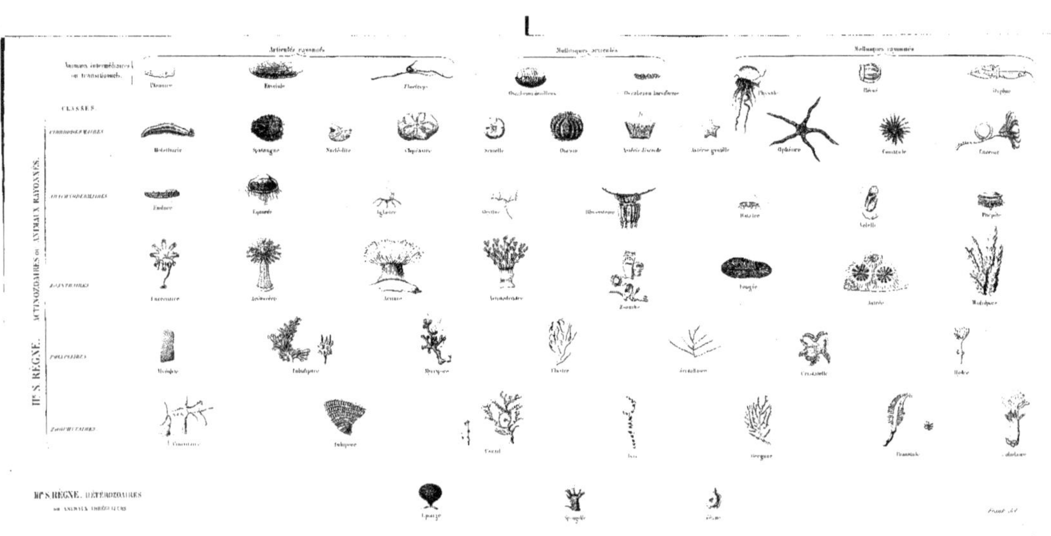

Paris chez Roret éditeur des Suites à Buffon, du Cours d'Agriculture du 19e Siècle, de la Collection de Manuels &c.